엄마 아빠가 꼭 알아야 할
학교폭력의 모든 것

엄마 아빠가 꼭 알아야 할

학교폭력의 모든 것

노윤호 지음

시공사

나는 왜 학교폭력 전문 변호사가 되었나

"애들 싸움에 변호사라니요."

대부분의 부모님들은 생각지도 않다 학교폭력 사건을 겪게 됩니다. 그러다 보니 감정을 추스르기도 벅찬 상황에서 너무 많은 일을 해내야 합니다. 우리 아이를 어떻게 대할지도 혼란스러운데, 상대방 부모님도 만나봐야 하고 학교 선생님과 면담까지 해야 합니다. 그렇게 폭풍 같은 하루하루가 지나갑니다. 인터넷을 검색해봐도 제대로 된 정보를 찾기 어렵고, 어떻게 대처하라는지 원론적인 말들뿐입니다. 정신없이 며칠을 보내고 나면 학교폭력대책심의위원회(학폭위)에 출석하라는 연락을 받게 되고, 어느새 결과는 내 뜻과 다르게 흘러가 있습니다.

애들 싸움에 무슨 변호사냐며 부정적으로 바라보는 시각도 있습니다. 그러나 지금은 애들 싸움으로 끝나던 어른들의 어린 시절과는 달라졌습니다. 감사 표시라는 이름 아래 주고받던 촌지나 스승의 날 선물도 '김영란법'의 시행으로 모두 사라졌습니다. 커피 한 잔 쉽게 선물할 수 없는 시대인 것입니다. 학교폭력도 마찬가지입니다. 어영부영 넘어가던 옛날과 다릅니다. 학교에서는 폭력이 발생하면 학교 내 학교폭력전담기구에서 사안조사를 하고 교육지원청 내 학교폭력대책심의위원회라는 법정기구에서 판단하여 피해학생에게는 보호조치를, 가해학생에게는 징계조치를 내려야 합니다.

아이들에게 학교폭력은 짧은 일생에 있어 겪어보지 못한 충격적인 일입니다. 누군가는 학교폭력으로 학교를 떠나기도 합니다. 따돌림을 견디다 못해 스스로 전학을 가는 학생들도 있고, 잘못된 징계처분 결정으로 당장 대학입시에 불이익을 받게 되어 자퇴 후 검정고시를 준비하거나 해외 유학을 선택하는 학생들도 보았습니다. 과거 학교폭력을 폭로한 피해자들은 성인이 되어서도 제대로 마무리 되지 못한 학교폭력 트라우마로 괴로워합니다.

이처럼 학교폭력은 한 사람의 인생을 좌우할 만큼 큰일입니다. 변호사라 하면 법원에서 민사소송, 형사소송을 하는 모습을 떠올립니다. 금전적인 문제가 걸린 민사소송에서도 변호사의 도움을 받는데 하물며한 학생의 학창시절, 아니 인생을 좌우할 수 있는 학교폭력 사건에 어쩌면 전문가의 도움이 더욱 필요하지 않을까요.

얼마 전까지만 하더라도 학교폭력 사건에 변호사가 개입하는 것이 아이들 싸움을 법정 싸움으로 비화하는 것 아니냐, 교육기관에 변호사가 등장하는 것이 가당키나 하냐는 부정적인 시각도 있었습니다. 학교폭력은 이미 제도권 내로 들어왔는데 여전히 학교폭력을 애들 싸움으로 치부하는 인식 때문이었습니다. 과거 일부 학교들은 행정 절차를 무시한 채 사안을 진행하고, 자신들 임의대로 결정하기도 하였습니다. 그 결과 피해학생들은 학교폭력 축소 및 은폐의 피해를, 가해학생들은 과도한 중징계의 고통을 겪었습니다. 학교폭력과 관련한 잘못된 절차와 조치들은 변호사들의 소송 등으로 인해 처리 절차의 중요성이 알려졌고 학생들의 권리 규제에 대해 괄목할 만한 판례들을 만들어냈습니다. 학교폭력 절차의 전문성과 공정성이 중요시되었고 이를 위해 2020년 3월부터 학교에서 열리던 학폭위는 교육지원청으로 이관되었습니다. 아울러 저는 학교폭력을 '애들 싸움'으로 치부해서는 안 되며 학교폭력도 중대한 사회적 문제라는 사회적 공감이 형성되어야 학교폭력 해결도 가능하다는 신념으로 대한변호사협회에 학교폭력 전문분야 신설을 추진하였습니다. 그리고 2019년 7월, 마침내 대한변호사협회는 학교폭력을 전문분야로 신설하였고 이제는 더 이상 '학교폭력 전문 변호사'라는 수식어가 낯설지 않게 되었습니다.

제 의뢰인 중 한 분이 이런 말씀을 하신 적이 있습니다. "변호사는 나의 어려움을 털어놓을 수 있는 좋은 벗이다." 저는 변호사가 한 사람 일생의 한순간을 같이 걷는 사람이라고 생각합니다. 변호사를 만나는 대부분의 순간은 인생의 어려운 순간이겠지만요. 기쁠 때 함께 있는 친구보다 어려울 때 함께 있어 주는 친구가 더 소중하고 기억에 남듯이 변호사는 어려움을 겪는 이들에게 좋은 벗이 될 수 있습니다.

학교폭력은 더욱 그렇습니다. 앞으로도 저는 학교폭력으로 고통받는 학생들, 부모님들과 함께 잠 못 이루는 밤을 감당해야겠지요. 그럼에도 단 한 명에게라도 도움을 줄 수 있다면, 저는 어려운 시간을 보내고 있는 학생들 곁에서 함께 걸어가는 일을 멈추지 않을 겁니다. 피해학생의 어려움을 대변하고 그것이 고스란히 후속 조치에 반영되었을 때, 억울한 신고로 졸지에 가해자로 낙인찍힐 뻔한 학생의 누명을 벗겨 주었을 때, 저는 직업적 소명과 긍지는 물론 개인적인 행복감을 느낍니다.

학교폭력을 계기로 인연이 되어 만났던 학생들, 부모님들이 있었기에 이 책을 집필할 수 있었습니다. 그분들의 경험이 단지 아픈 과거로만 머물지 않고 누군가에겐 어둠 속 등불이 되어주리라는 믿음이 있었습니다. 아무쪼록 학교폭력으로 어려움을 겪고 있을 부모님들께 도움이 되었으면 좋겠습니다. 학교폭력에 관심을 갖고 이 책이 세상에 나올 수 있게 도와주신 도서출판 시공사에 감사드립니다. 학교폭력의 벽에 부딪혀 힘겨워할 때마다 저에게 용기를 북돋아 주고 영감을 준 배우자, 가족에게 늘 고맙다는 말을 전하고 싶습니다. 마지막으로 하늘나라에서 딸의 모습을 지켜보고 계실 아버지, 노동환 씨께 이 책을 바칩니다.

노윤호

우리 아이가
학교폭력에
연루된다면

CHAPTER 1

학교폭력은 절대로
사라지지 않는다

아침에 학교 다녀오겠다고 인사하고 집을 나선 아이, 여느 날과 다르지 않은 하루라고 생각했는데 아이가 병원 응급실에 실려 갔다는 담임선생님의 전화를 받게 됩니다. 또 다른 어머니는 자녀가 학교폭력 가해자로 신고가 됐다는 연락을 받습니다.

"아니, 어떻게 이런 일이 있을 수 있죠?"

"도대체 왜 우리 아이에게 이런 일이 생긴 거죠?"

상담을 받으시는 부모님들이 가장 많이 하시는 말씀입니다. 학교에 잘 다니던 우리 애가 학교폭력을 당했다니, 착한 우리 아이가 학교폭력 가해자로 신고가 되었다니, 생각지도 못한 날벼락 같은 일이죠.

'사람 일은 한 치 앞도 모른다'라는 말이 있습니다. 좋은 일이든 나쁜 일이든 사람 일, 아니 인간사가 그런 것 같습니다. 내 마음대로, 계획한 대로 흘러가지 않는 게 사람 일입니다.

어느 경차 한 대가 서울에 있는 고가도로 아래를 지나가고 있었습니다. 그런데 고가도로 위를 달리던 중형차가 아래로 추락하였고, 하필 그 경차 위로 떨어져 버렸습니다. 안타깝게도 경차에 타고 있던 운전자와 동승자 모두 그 자리에서 사망하였습니다. 실제 있었던 사건입니다. 이 같은 일을 누가 예상하기나 했을까요? 정말 이런 날벼락도 없습니다. 그럼 우리는 이처럼 예기치 않은 일을 마주했을 때 어떻게 대처해야 할까요.

학교폭력이 '0'이 되는 세상은 앞으로도 없을 겁니다

인류가 시작된 이래, 범죄 없는 세상, 사건 사고가 '0'이었던 순간은 한 번도 없었습니다. 아무리 범죄를 예방하기 위해 갖은 대책을 쏟아내도 뉴스에서는 날마다 온갖 사건 사고들이 보도됩니다. 수많은 규율과 교통규칙이 있지만 교통사고는 지금도 일어나고 있습니다. 학교폭력도 마찬가지입니다. 2012년에 도입되어 매년 실시되는 '학교폭력실태조사' 결과를 살펴보면 매년 전체 응답률의 1~2%에 해당하는 학생들이 학교폭력 피해를 입은 경험이 있다고 응답하고 있습니다. 1~2%면 작은 수라고 생각할 수 있겠지만 사람 수로 따지면 5만~10만 명에 이르는 규모입니다. 전국에서 하루 평균 약 137건의 학교폭력 피해학생이 발생하고 있는 셈입니다. 학교폭력에 연루되었지만 실태조사에서조차 밝히지 못한 피해학생들까지 감안한다면 하루에 발생하는 학교폭력 건은 훨씬 많으리라 짐작됩니다. 더

학교폭력실태조사
교육부에서 연간 두 차례 실시하며 온라인을 통해 진행된다. 학교에서 배부한 인증번호를 입력하고 참여할 수 있으며 설문 내용은 비밀이 보장된다. 또한 음성서비스 및 다국어 설문조사 서비스도 제공된다.

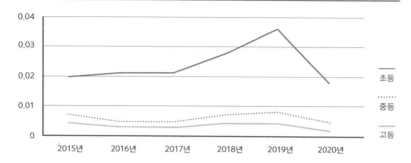

연도별 학교폭력 피해경험 응답 비율

자료: 2020년 학교폭력실태조사(교육부)

욱이 2019년도 학교폭력실태조사 피해경험 조사결과에 따르면 초등학생은 3.6%, 중학생은 0.8%, 고등학생은 0.4%로, 코로나 사태가 있었던 2020년에는 초등학생은 1.8%, 중학생은 0.5%, 고등학생은 0.2%로 초등학생의 학교폭력 발생 빈도수가 가장 높다는 점에서 학교폭력의 연령대가 갈수록 낮아지고 있음을 알 수 있습니다.

학교를 일컬어 사회의 축소판이라고 합니다. 결국 학교도 사람 사는 세상입니다. 냉정하게 들릴지 모르겠지만 저는 감히 말합니다. 범죄 없는 세상이 없듯이 **학교폭력이 사라지는 세상은 지금껏 그랬듯 앞으로도 없을 겁니다. 우리는 오히려 이런 허황된 바람이 학교폭력을 축소, 은폐하고 외면하는 데 악용되는 것에 분노해야 합니다.** 이 책은 학교폭력을 예방하자는 원론적인 이야기가 아닙니다. 이 책은 이 예기치 않은 일을 어떻게 마주해야 할까, 에서 시작합니다. 학교폭력이라는 '현실'을 마주한 부모님들이 어떻게 대응해야할지 그 방법에 대해 이야기하려 합니다.

학교폭력 해결의 시작과 끝은
아이의 진술이다

　　학교폭력 상담을 하러 사무실에 방문하시는 부모님들과 이야기를 나눠보면 열이면 열 부모님께서 사실관계에 대해 제대로 파악하고 있지 못하십니다. 질문을 드리면 "글쎄요, 그건 미처 물어보지를 못했네요"라고 하시거나 때로는 "그게 왜 필요한 거죠?"라고 반문하시기도 합니다. 어떤 부모님은 이렇게 대답하십니다. "제 생각에는요." 그건 부모님의 추측이지 사실이 아닌데 말이죠.

　　상대방 부모님이 주장하는 내용이 사실인지 아닌지 모르고 '아, 그런가?' 하고 휩쓸리다 나중에 사건이 다 끝나고 자녀와 이야기하다가 그게 사실이 아니라는 점을 알고 억울해하시기도 합니다. 당시 사실관계에 있어 자녀에게 유리한 부분이 분명히 있었음에도 몰라서 주장하지 못하는 경우도 있고, 그 전에 더 많은 피해 사실이 있었음에도 이를 모르는 경우들도 있습니다. 학교폭력대책심의위원회에 출석하였다가 부모님이 알지도 못하는 내용의 질문을 받아 제대로 답변조차 못 하는 경우도 있습니다.

　　학교폭력 사건의 처음과 끝은 당사자인 학생의 진술이라고 해도 과언이 아닙니다. 학폭위에서 일차적으로 학생의 진술을 듣고 가장 중시하는 것도 이 때문입니다. 자녀의 학교폭력 피해 사실을 듣기 너무 괴로워서, 혹은 가해자가 된 자녀가 한 행동을 듣는 게 무섭고 두려워서 애써 듣고 싶지 않으신 것도 이해는 갑니다. 하지만 내 자녀가 겪었던 일입니다. 내 자녀가 겪었던 일을 나는 모르는데 상대방 부모님, 선생님들은 알고 있다면 어떻게 아이의 방패가 되어 줄 수 있을까요. 어떻게 아이의 변호를 자처할 수 있을까요.

　문제는 부모님들이 아이를 도와주기 위해 무슨 일이 있었냐고 물어봐도 아이가 말을 하지 않거나, 제대로 이야기해주지 않는 경우가 많다는 겁니다. 답답한 마음에 말을 해보라고 재촉하고, 그러다 언성이 높아지기 일쑤이지요. 그렇게 아이는 자기 방으로 들어가 입을 닫아 버립니다. 아이들은 왜 말을 하지 않는 것일까요?

아이들은 심성이 착합니다

　아이들이 말을 하지 않는 첫 번째 이유는 '착해서'입니다.
　어느 늦은 밤 사무실로 전화가 걸려왔습니다. 앳된 목소리의 한 여학생은 자신이 지방에 사는 학생이라고 소개하며 반 친구들로부터 따돌림을 당하고 있는데 어떻게 해야 할지 몰라 인터넷을 검색하다 저희 사무실로 전화를 걸었다고 하였습니다. 얼마나 힘들었으면 그 시간에 전화했을까 싶어 학생으로부터 자초지종을 들었습니다. 대화를 마칠 무렵 부모님께 말씀드렸는지를 묻자 학생은 하지 않았다고 하였습니다. 왜 하지 않았는지 조심스레 묻자 아이는 대답했습니다.

"부모님이 걱정하실까 봐요. 엄마, 아빠 앞에서는 씩씩해보이고 싶어서…"

아이들은 심성이 착합니다. 아이들이 말을 하지 않은 가장 큰 이유는 '부모님이 걱정하시고 힘들어 하실까 봐'서 입니다. 학생들 사이에서 대표적 언어폭력 중 하나인 '패드립'의 경우에도 아이들은 부모님이 상처를 받을까 봐 차마 진술서에서조차 쓰지 못합니다. 패드립을 들은 한 학생은 진술서에도 그 내용을 쓰지 않았다가, "변호사님만 알고 있을게, 가해학생이 한 패드립 내용을 휴대폰 문자로 보내주겠니?"라고 제안하자 그제야 자신이 들은 패드립 내용을 문자로 알려줬을 정도입니다. 아이가 학교폭력에 연루되었다고 부모가 너무 걱정하고 힘들어하는 모습을 보이면 아이들은 더 침묵하게 됩니다. 부모님께서 의연한 자세로 '너의 이야기를 듣고 너의 편이 되어 주겠다'는 모습을 보여 주셔야 아이들도 용기 있게 말을 합니다.

> **패드립**
> 부모님을 욕하거나 놀릴 때 쓰는 말로 '패륜적 드립'의 줄임말

아이들은 어떻게 말해야 할지 모릅니다

아이들은 말을 하기 싫은 경우보다 어떻게 말을 해야 할지 모르는 경우가 더 많습니다.

부모님께서 학교폭력 사실에 대해 제대로 파악하지 못하고 있는 경우 저는 학생과의 면담을 요청하거나, 최소한 전화 통화를 통해 학생의 이야기를 듣고 그동안 무슨 일이 있었는지를 파악합니다. 많은 부모님들이 상담을 하는 자녀의 이야기를 옆에서 듣고 모르는 내용이 나와 놀라시는 경우가 많습니다.

민수는 수개월 동안 집단 괴롭힘을 당했습니다. 민수의 부모님은 장기간 아이가 괴롭힘을 당하는지 전혀 모르셨습니다. 급기야 동성 성추행 사건이 터졌고, 성추행 사건 직후 울고 있는 민수를 발견한 담임선생님은 그간 있었던 일을 적으라고 하였습니다. 민수는 가해학생들의 이름을 적으면서 학교폭력 신고를 하였습니다. 민수가 어렵게 꺼낸 말은 겨우 단 한 줄 '저를 괴롭히고 놀렸어요'였습니다. 그간 부모님께도 말하지 않았던 학생이 얼마나 괴로웠으면 진술서에 가해학생들 이름을 적고 스스로 신고까지 하게 되었을까요. 민수 부모님께서 저를 찾아오신 이유는 수개월간 괴롭힘이 있었던 건 막연하게 알겠는데 이를 어떻게 처리해야 할지 몰라서 오신 것이었습니다.

사실관계를 전혀 모르고 계신 부모님을 대신해 민수를 직접 만나 이야기를 들어보겠다고 했습니다. 부모님은 그렇지 않아도 아이가 말하는 걸 힘들어하고, 심리상담센터에서도 말을 하지 않았는데 민수가 변호사님을 만나 무슨 이야기를 하겠냐, 오히려 민수를 더 힘들게 하는 건 아닌지 모르겠다며 회의적인 반응을 보이셨습니다.

민수 스스로 자신의 마음을 밖으로 내보이게 하겠다는 점을 설명해 드리며 부모님을 설득하였고 민수는 그렇게 사무실을 방문하게 되었습니다. 한 시간 남짓 민수와 많은 이야기를 나눴습니다. 담담하고 차분하게 이야기를 풀어나가던 민수의 눈에서 어느 순간 눈물이 뚝뚝 떨어지기 시작했습니다. 그동안 겉으로는 담담해보였는지 몰라도 마음의 상처가 비로소 밖으로 드러나고 있다는 표시였습니다. 마지막으로 민수에게 학교폭력 신고 후 가장 힘든 것이 무엇인지 물었습니다. 부모님의 우려처럼 선생님들에게 불려가 진술을 하고, 상담센터 등에 가서 반복해서 진술해야 하는 것이 힘든지 물었더니 그런 것은 힘들지 않다고 말했습니다. 오히려 민수를 힘들게 한 건 다른 일이었습니다.

"저한테 무슨 일이 있었는지 말을 하라고 하는데 어떻게 말해야 할지 모르겠어서…. 그게 제일 힘들어요."

민수와 대화를 마치고 따로 부모님과 면담을 가지면서 민수가 털어놓은 이야기를 전해드렸습니다. 처음 듣는 피해 사실들과 민수가 마음속에 품고 있었던 이야기를 들으신 부모님은 놀라고 또 슬픈 마음에 눈물을 흘리셨습니다.

민수의 진술을 통해 알게 된 사실들을 바탕으로 학교폭력 피해 사실과 그 정도, 현재 민수에게 필요한 조치가 무엇인지 학교 측에 전달하였습니다. 학교폭력대책심의위원회에서는 학교폭력의 지속성, 심각성, 고의성 등을 고려하여 가해행위가 가장 심한 학생에게는 중징계인 전학 조치를, 그 이외에 가담 학생들에게는 민수와 분리 필요성을 인정해 학급교체가 이루어졌습니다. 민수가 털어놓은 이야기는 결국 사건 해결의 가장 큰 실마리가 되었던 것입니다.

더 가까울수록 더 좋은 결과를 얻는다

'더 가까울수록 더 좋은 결과를 얻는다.' 중증외상센터 이국종 교수님이 강연에서 하신 말씀입니다. 환자와 의사가 가까울수록 환자의 생명을 살릴 확률도 그만큼 높아진다는 의미에서 하신 말씀이지만 제가 학교폭력 사안을 다룰 때마다 실감하는 말이기도 합니다.

민수의 사례처럼 학교폭력 사안의 해결은 당사자 학생의 진술에서부터 시작됩니다. 사실관계를 자세히 아는 것, 그것이 부모님이 하셔야 할 일이기도 합니다. 내가 사건 속으로 걸어 들어간다는 마음가짐으로 아이와 충분한 대화를 나눠야 합니다.

결국 내 자녀가 겪은 일입니다. 그런데도 아이로부터 말을 이끌어 내지 못하였다면 전문가의 도움을 받는 것도 방법입니다. 학생들이 제 앞에서 이야기를 잘 털어놓는 것은 상황설명을 잘 할 수 있도록 질문하는 노하우가 있기 때문이기도 하지만 학생들이 낯선 제3자에게 부담 없이 이야기를 털어놓기 쉽기 때문이기도 합니다. 이처럼 자녀가 쉽게 말을 하지 않는다면 부모님 외의 사람과 대화할 수 있는 기회를 제공해 주는 것도 방법입니다.

학교폭력 발생부터
학교폭력대책심의위원회가
열리기까지의 절차

　　내 앞에 꼭 지나가야 하는 길이 있습니다. 어느 방향으로 가야 할지 알고 있고, 가는 길에 물웅덩이처럼 조심할 것들이 어디에 있는지 안다면 무섭지 않을 테지요. 하지만 전혀 모르는 낯선 길을 가야 한다면, 심지어 그 길이 밤길이라면 가고 싶지 않고 두려울 것입니다.

　　학교 측으로부터 학교폭력 사건에 연루되었다는 사실을 통지받은 부모님들은 앞으로 어떤 절차가 진행되는지, 두렵고 막막해서 피할 수만 있다면 피하고 싶다고 하십니다. 학교폭력이 발생하여 학교가 인지하였거나, 학교폭력으로 신고가 되면 학교폭력대책심의위원회가 개최되기까지 일련의 절차를 거치게 됩니다. 사전에 어떤 절차가 이루어지는지를 알고 각각의 절차에서 요구할 수 있는 사항은 무엇인지, 어떻게 대비해야 할지 미리 안다면 마냥 막막하고 피하고 싶은 상황으로만 다가오지는 않을 것입니다.

　　학교폭력으로 피해학생, 피해학생의 부모님, 또는 목격학생이 신고를 하거나 117 신고, 다

> **117 학교폭력 상담센터**
> 학교폭력 신고용 번호로 112(범죄), 119(화재·조난) 등과 함께 정부가 지정한 긴급통신용 전화번호다. 휴대폰 발신이 차단돼도 이용자가 전화를 걸 수 있으며 문자로도 신고가 가능하다.

학교폭력대책심의위원회 사안처리 과정　　자료: 2021년 학교폭력 사안처리 가이드북(교육부)

사전예방
· 학생, 학부모, 교직원 대상 예방교육
· 또래활동, 체육·예술활동 등 예방활동
· CCTV, 학생보호인력 등 안전인프라 구축

관계회복
· 사안처리 과정에서 관계회복 노력: 학교는 사안처리 전 과정에서 필요시 관계회복 프로그램을 운영할 수 있으며 학교폭력 관련학생 및 보호자에게 관계회복 프로그램에 대해 안내할 수 있음
※ 교육지원청 학교통합지원센터 관계회복 조정 활동 요청 가능(서울)

사후지도
· 피해학생 적응 지도
· 가해학생 선도
· 주변학생 교육
· 재발방지 노력

초기대응
· 인지·감지 노력
· 징후 파악
· 실태조사, 상담, 순찰 등

· 신고접수
· 신고접수 대장 기록
· 학교장 보고
· 보호자, 해당학교 통보
· 교육청 보고

· 초기 개입
· 관련학생 안전조치
· 보호자 연락
· 폭력유형별 초기대응

사안조사
· 긴급조치(필요시)
· 피해학생 보호
· 가해학생 선도

· 사안조사
· 사안조사
· 보호자 면담
· 사안보고

전담기구 심의
· 학교장 자체 해결 요건 충족 여부 심의
· 피해학생 및 보호자의 심의위원회 개최 요구 의사 서면 확인

요건 충족/동의

학교장 자체 해결

요건 미충족 또는 부동의

심의위원회 조치 결정
· 심의위원회 심의·의결
 - 심의위원회 개최
 - 조치 심의·의결
 - 분쟁조정

· 교육장 조치결정
 - 학교장 통보
 - 피해, 가해학생 서면 통보

조치 이행
· 조치 이행
· 피해학생 보호조치
· 가해학생 선도조치
· 가해학생 조치사항 학교생활기록부 기재
· 가해학생 보호자 특별교육

조치 불복
행정심판　행정소송

른 학교, 경찰서, 교육청 등 다른 기관의 통보를 받는 것, 선생님이 직접 학교폭력 장면을 목격하였거나 선생님의 보고, 상담교사와의 상담 등을 통해 학교폭력 사실을 알게 된 것을 통틀어 '학교폭력 인지'라고 합니다. 이렇게 인지가 되면 학교폭력은 학교에 '신고접수'가 됩니다.

　학교폭력 인지 직후 추가 폭력 예방 및 피해학생을 보호하고, 가·피해학생 모두 심리적 안정을 돕기 위해 가해학생과 피해학생은 분리 및 안전 조치가 취해집니다. 만일 학생에게 치료가 필요한 경우에는 보건실 등에서 신속히 응급조치를 취하고 필요시 교사 동행하에 병원 이송 등이 이루어집니다. 그와 동시에 신고접수 내용, 응급조치 등 현재 조치 상황, 향후 처리 절차 등 가·피해학생 보호자에게 사실 그대로 신속히 통보하게 되는데, 통보 방법은 전화 통화, 휴대폰 문자 등을 불문합니다.

학교장 및 교육(지원)청에 사안접수 보고 및 긴급조치

학교의 장은 교감, 전문 상담교사, 보건교사 및 책임교사(학교폭력 문제를 담당하는 교사) 학부모 등으로 학교폭력 문제를 담당하는 '학교폭력전담기구'를 구성하며, 학교폭력 사태를 인지한 경우 곧바로 전담기구 또는 소속 교원으로 하여금 가해 및 피해 사실 여부를 확인하도록 합니다(학교폭력예방법 제14조 제3항). 전담기구를 구성하는 학부모는 학교운영위원회에서 추천한 사람 중에서 학교장이 위촉하며, 전담기구 구성원의 1/3 이상이 되도록 규정하고 있습니다. 학교폭력전담기구는 학교장에게 학교폭력 사안을 보고하고, 교육(지원)청에도 48시간 이내에 사안이 접수되었음을 보고하게 됩니다. 학교장은 피해학생이 긴급보호 요청을 하는 경우 피해학생 보호를 위한 긴급 보호조치로써 1호 심리상담 및 조언, 2호 일시 보호, 6호 그 밖에 필요한 조치를 할 수 있습니다.(학교폭력예방법 제16조 제1항)

학교장은 가해학생에 대한 선도가 긴급하다고 인정하는 경우 1호 서면사과, 2호 피해학생 및 관련학생 접촉, 협박, 보복행위 금지, 3호 학교에서의 봉사, 5호 특별교육 또는 심리치료, 6호 출석정지 중 필요한 조치를 긴급 선도조치로써 취할 수 있고 이때 가해학생과 그 보호자에게 긴급 선도조치가 내려진다는 사실을 통지해야 합니다.(학교폭력예방

> **학교폭력전담기구**
> 전담기구는 학교폭력에 대한 실태조사와 학교폭력 예방 프로그램을 구성·실시하며, 학교의 장 및 심의위원회의 요구가 있는 때에는 학교폭력에 관련된 조사결과 등 활동결과를 보고하여야 한다. 피해학생 또는 피해학생의 보호자는 피해 사실 확인을 위하여 전담기구에 실태조사를 요구할 수 있다.

법 제17조 제4항, 제7항) 만일 2명 이상이 고의적, 지속적으로 폭력을 행사한 경우, 전치 2주 이상의 상해를 입힌 경우, 신고, 진술, 자료제공 등에 대한 보복 목적으로 폭력을 행사한 경우, 학교장이 피해학생을 가해학생으로부터 긴급하게 보호할 필요가 있다고 인정하는 경우에 한해 학교장은 가해학생에 대해 우선 출석정지 조치를 내릴 수 있습니다(학교폭력예방법 시행령 제21조 제1항). 긴급 선도조치로서의 출석정지를 내릴 경우 가해학생과 그 보호자에게 통지하여야 함은 물론 출석정지 조치 전 반드시 가해학생 보호자에게 의견 진술의 기회를 제공해야 합니다.(학교폭력예방법 시행령 제21조 제2항)

사안조사와 학교장 자체해결제

학교폭력전담기구는 사실관계 확인을 위한 구체적인 사안조사를 합니다. 사안조사는 가·피해학생 구두 면담, 진술서 작성, 목격학생들에 대한 진술서 작성, 설문조사, 사진, 대화 메시지 등 물적 증거자료 수집 등 다양한 방법으로 이루어지게 됩니다. 그리고 이렇게 이루어진 학교폭력 사안조사 결과는 학폭위에 보고되어 학폭위가 의결하는 데 판단 요소로서 작용하게 됩니다. 사안조사 후 모든 학교폭력이 학교폭력대책심의위원회로 회부되는 것은 아닙니다. 경미한 학교폭력의 경우 학교의 장은 학교폭력 사건을 자체적으로 해결할 수 있는데 이를 '학교장 자체해결'이라고 합니다. 학교장 자체해결로 종결할 수 있는 사안은 피해학생 및 그 보호자가 심의위원회 개최를 원하지 않고, 사건이 다음 네 가지 요건에 모두 해당하는 경우에 한해 가능합니다(학교폭력 예방법 제13조의2).

- 2주 이상의 신체적·정신적 치료를 요하는 진단서를 발급받지 않은 경우
- 재산상 피해가 없거나 즉각 복구된 경우
- 학교폭력이 지속적이지 않은 경우
- 학교폭력에 대한 신고, 진술, 자료제공 등에 대한 보복행위가 아닌 경우

전담기구에서 위 네 가지 사항을 모두 갖추었는지 심의하고, 피해학생과 보호자의 심의위원회 개최 의사를 서면으로 확인하였다면 학교장 자체해결로 마무리됩니다. 따라서 학교폭력 사건이 위 네 가지 사항을 모두 갖추었어도 피해학생 또는 그 보호자가 심의위원회 개최를 원한다면 반드시 심의위원회를 개최하도록 하고 있습니다. 학교장 자체해결로 마무리되었다면 학교장은 양측 학생 간에 학교폭력이 다시 발생하지 않도록 노력해야 하며, 필요한 경우 가, 피해학생 및 그 보호자 간의 관계 회복을 위한 프로그램을 운영할 수 있습니다(학교폭력예방법 시행령 제14조의3).

학교폭력대책심의위원회 개최와 조치과정

　　사안 조사 후 학교에서는 관할 교육지원청으로 학교폭력 사안조사 보고서와 관련 서류를 구비하여 공문으로 발송합니다. 교육지원청 학교폭력대책심의위원회는 공문을 접수받은 날로부터 21일 이내 (연장이 불가피한 경우 7일 이내로 연장 가능)에 개최합니다. 심의위원회는 가해학생, 피해학생과 그 보호자들에게 등기우편 등으로 심의위원회 개최 예정 및 출석에 대해 통보합니다. 이는 학생과 보호자에게 의견 진술의 기회를 주고자 출석을 요청하는 것으로 심의위원회 출석이 의무사항은 아니라서 직접 출석하지 않고 서면 진술로 의견 진술을 대체할 수 있습니다. 심의위원회가 개최되면 위원들은 사안조사 결과를 보고받고, 진술서 등 관련 증거자료들을 살펴 상정된 학교폭력 사안이 무엇인지를 파악합니다. 피해학생 측과 가해학생 측은 분리되어 각각 따로 출석하며, 의견 진술의 기회를 갖게 됩니다. 위원들은 필요시 학교 교원, 소아청소년과 의사, 정신건강의학과 의사, 심리학자 그 밖의 아동심리와 관련된 전문가의 의견을 청취할 수 있으며 피해학생이 상담, 치료 등을 받은 경우 해당 전문가 또는 전문의로부터 의견을 청취할 수 있습니다. 다만 심의위원회는 피해학생 측의 의사를 확인하여 요청이 있는 경우에는 반드시 전문가 또는 전문의의 의견을 청취하여야 합니다. 양측의 의견 진술이 모두 끝난 후 위원들은 학교폭력 가해학생 조치별 적용 세부기준에 따라 심각성, 지속성, 고의성, 반성 정도, 화해 정도에 대해 판단하고, 부가적 판단요소로서 선도 가능성, 피해학생이 장애학생인지 등을 고려하여 과반수 찬성으로 조치를 결정합니다.

관련학생과 보호자에 대한 조치결과 통보

학교폭력대책심의위원회에서 결정한 조치에 대해 교육지원청 교육장은 관련학생과 보호자에게 조치의 근거와 이유, 조치사항이 기재된 조치결정 통보서를 등기 우편으로 통보합니다. 피해학생 보호조치가 결정된 경우 교육장은 피해학생 보호자의 동의를 받아 해당 조치를 해야 합니다. 반면 가해학생에 대한 징계조치는 보호자의 동의가 필요하지 않으며 통보서에 기재된 이행 기간 이내에 징계를 이행해야 합니다. 가해학생 징계 중 1호부터 3호까지는 이행 기간 이내에 이행한 경우 학교생활기록부 기재가 유보되지만, 이행을 하지 않거나 학교폭력이 재발한 경우 학교생활기록부에 기재하도록 하고 있습니다. 반면 4호부터 8호 징계는 학교에서 조치결정 통보 공문을 접수한 즉시 학교생활기록부에 기재됩니다. 추후 행정심판, 행정소송 등 불복절차로 조치가 변경되는 경우 기재 내용이 수정될 수 있습니다. 1호~3호, 7호 징계는 졸업과 동시에 학교생활기록부에서 삭제되고, 4호~6호, 8호 징계는 졸업 후 2년 후에 삭제가 됩니다. 다만 4호~6호, 8호 조치는 가해학생이 졸업하기 직전에 전담기구에서 심의를 거쳐 가해학생의 반성 정도와 긍정적 행동변화 정도 등을 고려하여 졸업과 동시에 삭제 가능하도록 예외를 두고 있습니다.

학교는 교육기관이지
전문 수사기관이 아니다

앞서 학폭위가 진행되는 과정에 대해 살펴보았는데요. 학교폭력 결과 통지서를 들고 상담하러 오시는 부모님 중에는 학교가 알아서 해줄 거라 믿고 기다렸는데 결과가 안 좋게 나왔다며 울분을 토하시는 경우가 있습니다.

2018년 4월, 서울시 교육청과 국회가 학교폭력 처리제도 개선을 위한 토론회를 개최한 자리에 참석한 적이 있습니다. 그곳에서 선생님 대표로 발표를 하신 일선 고등학교 학교폭력 담당 선생님은 학교폭력 사안에 대해 학교에 너무 많은 부담을 지우고 있다며 어려움을 토로하셨습니다. 굳이 멀리 가지 않아도 학교폭력 담당 선생님들과 얘기를 하다 보면 그분들의 고충을 느낄 수 있습니다. 교과과정 업무를 수행해야 하는 선생님들이 학교폭력 사안조사까지 해야 하니 업무가 너무 과중한 것입니다.

사실 학교는 교육기관이지 전문 수사기관이 아닙니다. 선생님들이 아무리 노력한다고 해도 그분들은 교육자이지 조사관이 아니고 조사에 대한 전문적 기술도 갖고 있지 않습니다. 교과과정 업무와 학교폭력 사안조사 업무를 병행한다는 건 쉬운 일이 아닙니다. 그런데 학교폭력 전담기구는 사건 신고 후 '2주 이내'에 조사를 마치는 것이 원칙입니다 (불가피한 경우 1주). 자, 이쯤에서 생각해봅시다. 학교폭력 사안조사를 하는 선생님이 과연 제대로 사안조사를 할 수 있을까요?

선생님들마다 역량이 다르다는 점도 인정해야 합니다. 어떤 생활지도 부장 선생님은 예리한 통찰력으로 정말 변호사인 제가 봐도 감탄할 만큼 베테랑 실력을 보여주시기도 합니다. 하지만 그렇지 못한 선생님들도 있습니다. 그분들이 노력하지 않는 것이 아니라 최선을 다하고 고군분투하시지만, 전문 수사기관이 아니라는 한계에 부딪히게 되는 것입니다. 학교폭력에 대해 공부도 많이 하시고 학교폭력 담당 선생님들끼리 인터넷 카페를 통해 정보도 공유하며, 각 교육지원청에서는 관할 학교폭력 담당 선생님들의 역량 강화 연수도 진행하고 있으니 선생님들의 노력이나 능력을 평가절하해서는 안 될 일입니다.

학부모님들 중에는 학교폭력 신고를 하면 담당 선생님이 마치 수사기관처럼 카카오톡 대화방도 확인할 수 있고, 문자 내역도 다 볼 수 있다고 오해하시는 분들이 있습니다. 사실 수사기관도 카카오톡, 휴대폰 문자 내역을 원한다고 바로 확인할 수 없으며 법원에서 영장이 발부될 때에만 가능합니다. 하물며 학교 선생님들이 이를 확인하기란 불가능합니다. 아이들끼리 무슨 일이 있었는지, 그들 사이에 어떤 카톡, 문자 메시지를 주고받았는지 알 수 없습니다. 혹시라도 사안조사를 하겠다고 학생들이 자발적으로 제출하지 않은 휴대폰을 압수하여 확인이라도 했다가는 자칫 인권침해 등으로 비화될 수도 있습니다.

부모님들이 학교가 알아서 공정하게 판단할 줄 알았는데 상대편 주장만 듣고 조치해 예상치 못한 결과가 나왔다고 항의하시는 사례 중에는 안타까운 경우들이 많습니다. 상대방 학생 측에서는 자신들에게 유리한 증거를 모두 일목요연하게 수집, 정리해서 제출한 반면 우리 측에서는 아무런 증거 제출도 없이 안일하게 대처했던 것입니다. 단시간에 한정된 능력, 자원을 가지고 조사를 해야 하는 학교 입장에서는 증거가 있는 쪽 주장을 인정할 수밖에 없습니다. 우리 측의 상황을 정확히 모르고 있는 학교 선생님들에게 알아서 증거를 준비해달라고 요구할 수도 없는 노릇입니다.

학교의 한계를 알고 시작하자

이와 같은 학교의 한계를 알고 받아들여야 합니다. 그리고 그에 맞춘 대응이 필요합니다. 부당한 조치를 받지 않으려면 내 아이를 위해 의견 진술을 하고, 사안조사를 하는 선생님들이 쉽게 파악하고 이해할 수 있도록 증거와 주장하는 내용을 정리해서 제출해야 합니다. 휴대폰 문자만 하더라도 아이들의 동의를 얻어 확인하기가 부모님이 선생님들보다 훨씬 용이합니다. 이렇게 학교와 학폭위에 의사를 전달해 그들을 설득해야 합니다.

'학교가 왜 이 정도밖에 못 하는 거야? 학교폭력 제도가 이 모양이라니' 하고 화를 내며 아무리 제도에 대해 불만을 표시해도 당장 해결되는 것은 없습니다. 법을 개정하고 제도를 정비할 일은 국회가 할 일이고 그것이 이루어지기까지는 시간이 걸립니다. 냉정하게 들릴지 모르겠지만 현실이 그렇습니다. 현실적으로 인정할 것은 인정하고 제도권에 맞추어 그에 대해 대비를 하는 것이 지금 학교폭력에 직면한 부모님이 하셔야 할 일입니다.

교권침해로까지 이어지는
학부모와 교사의 갈등

　　한 언론에서 '저녁 7시, 아이 담임선생님한테 카톡 안 되나요?'라는 제목으로 선생님들이 업무시간 이후 시도 때도 없이 오는 카톡, 휴대폰 연락 등으로 고충을 겪는 내용이 소개된 적이 있었습니다.(2018. 7. 7. 머니투데이) 실제로 교사 10명 가운데 8명은 휴대전화로 인한 교권침해가 심각하다고 답변하였고, 근무시간 구분 없이 수시로 학부모 연락을 받는 교사가 전체 64.2%, 퇴근 이후나 휴일 등 업무 시간 외에 연락받는 교사도 20%가 넘었다고 합니다.(2018. 7. 17. EBS뉴스) 일반 직장에서도 퇴근 후 업무 관련 연락을 하지 말자는 사회적 분위기가 형성되고 점점 공과 사를 구별하는 시대가 돼가는 만큼 선생님들의 고충이 안쓰럽게 들리기도 합니다.

　　평소 학부모님들은 특별히 선생님과 갈등을 겪거나 언쟁을 높일 일이 없습니다. 그런데 학교폭력과 관련해선 의외로 학부모님들과 선생님들 사이에 갈등이 생기는 경우가 많습니다. 아무래도 학교폭력 사안이 발생하면 선생님들과 면담을 하고 상황을 보고하는 등 접촉 기회가 많아지게 되니 그만큼 갈등이 생길 가능성도 커지는 것입니다. 피해학생 부모님 입장에서는 담임선생님이 왜 우리 아이를 보호해주지 않는지 원망스럽고, 휘몰아치는 감정이 선생님에게 향하기도 합니다. 가해학생 부모님 입장에서는 우리 아이를 너무 가해학생으로 취급한다고 항의하면서 갈등이 발생하기도 하고, 학교폭력이 벌어지도록 왜 방치하였는지 선생님에게 책임을 묻는 것으로 인해 갈등이 유발되기도 합니다.

학교폭력 해결에 있어
선생님과의 소통은 중요합니다

실제 제가 진행했던 사례 중에는 학부모와 교사의 갈등이 심해져 심지어 교권침해로 교권보호위원회까지 회부된 사건들도 있었습니다. 피해학생 아버지가 왜 우리 아이를 보호해주지 않느냐며 언성을 높이던 중 담임선생님의 멱살을 잡은 사례, 학교폭력대책심의위원회까지 갔지만 신고된 학생에 대해 '조치 없음'이 나오자 신고 학생 어머니가 곧바로 학교에 찾아가 교실에서 고성을 질러 수업을 방해하고 교탁에 있던 책들을 집어 던진 사례 등이 대표적입니다.

> **교권보호위원회**
> 교원의 교육활동 보호를 위해 각급 학교에 설치, 운영하며 교원, 학부모 및 지역인사 등으로 구성되어 있다. 재적위원의 4분의 1 이상이 요청하거나 교육활동 침해 사실이 신고된 경우, 그 밖에 위원장이 필요하다고 인정하는 경우 소집한다.

교권침해란 교사의 교육할 권리, 인간으로서의 기본권에 대해 학부모, 학생은 물론 행정기관, 동료 교원 등이 침해하는 것으로, 학부모에 의한 교권침해라 하면 교사에 대한 폭언, 폭행, 부당한 인사조치 요구, 재물 손괴, 수업 방해, 사이버상의 명예훼손 등이 있습니다.(인천광역시 교육청, 교원의 교육활동 보호를 위한 안내 자료)

학교폭력이 발생했을 때 선생님과의 소통은 무척 중요합니다. 일선 선생님들과 대화를 나눠보면 선생님들이 아무리 중립적인 태도를 취한다 해도 아무래도 소통이 잘되고, 선생님의 고충 등 상황을 잘 이해해주는 학부모님의 의견을 경청하게 되는 것이 사실이라고 합니다.

이러한 소통의 중요성은 비단 학교폭력 사건뿐 아니라 성인들의 형사 사건에서도 마찬가지입니다. 수사기관의 수사관들도 소통이 잘되는 사람 입장을 경청하기 마련입니다. 결국 사람이 하는 일이기에 어쩌면 당연한 일이라 할 수 있습니다.

뜻대로 되지 않으면 선생님들을 탓하며 과도한 요구를 하거나, 빈번하게 항의를 하는 부모님들이 있습니다. 심지어 학교폭력대책심의위원회 자리에 가서도 가해학생이 아닌 선생님과 학교를 비판하고 잘못을 지적하는데 의견 진술의 대부분을 할애하는 분들도 있습니다. 어느 순간부터 본래의 목적은 사라지고 가해학생이 아닌 선생님의 잘잘못을 따지고 있는 것입니다.

가해학생 부모님도 마찬가지입니다. 가해학생의 선도에 관해 이야기하는 것이 아니라 '이 지경이 될 때까지 학교는 뭐했느냐', '왜 우리 애를 가해학생으로 몰아가냐'며 학교를 비난하기에 바쁩니다. 분명히 말씀드리지만, 학폭위는 선생님들의 잘못을 지적하고 학교와 싸우는 자리가 아닙니다.

선생님에게 불만이 있다면
어떻게 표현해야 할까?

　　담임선생님, 생활지도부장 선생님과 면담을 하고 싶다면 사전에 정중하게 연락하여 시간과 장소를 조율합니다. 약속을 잡거나 상담을 하기 위해 전화나 문자를 할 경우, 자녀의 시간표와 학사일정을 참조하여 수업시간 외, 근무시간 내에 연락을 취하는 것이 좋습니다.
　학교폭력 사건 진행 과정 중에 선생님, 학교와 갈등이 생겼거나 불합리한 대우, 때로는 불법까지 저지르는 상황이 발생하였을 시 감정적으로 대응하기보다는 일차적으로 학교 측과 해결하고자 시도하시되, 학교 자체에서 시정되지 않으면 관할 교육지원청 학교폭력 담당 장학사에게 연락을 취하여 시정이 가능하도록 합니다. 그리고 필요하다면 학교폭력대책심의위원회 결과 전까지는 선생님과 학교 측의 부당성에 대한 증거를 확보해두었다가 학폭위 개최 이후 별도의 절차와 기관을 통해 해결방법을 찾으시길 바랍니다. 별도의 절차와 기관에 대해서는 5장의 내용을 참조 바랍니다.
　앞서도 말씀드렸지만 '학교폭력대책심의위원회'는 선생님과 학교를 비판하고 지적하는 자리가 아닙니다. 학폭위가 선생님들의 잘잘못을 판단할 수 있는 기관도 아닐뿐더러 설령 판단하더라도 이에 대한 어떤 조치를 할 수 있는 기관도 아닙니다. 자칫 학교폭력 사안 자체가 희석될 수 있기 때문에 학폭위가 진행되는 동안은 학교폭력 사건 자체에 집중하시는 것이 좋습니다.

감정적으로 대응해서는
우리 아이를 지킬 수 없습니다

　교권침해를 했다는 이유로 교권보호위원회에까지 상정된 부모님들은 자녀의 학교폭력 피해를 제대로 보호해주지 못한 것 같다며 결국 후회하는 모습을 보이셨습니다. 부모님들의 마음을 이해 못하는 것은 아니지만 감정적으로 대응해서는 우리 아이를 지킬 수 없습니다. 다른 이의 권리를 침해하지 않아야 부모님과 아이의 권리도 보호받을 수 있다는 당연한 명제를 꼭 기억하셨으면 좋겠습니다.

학교폭력대책심의위원회는
꼭 참석해야 할까

학교폭력대책심의위원회 출석 안내를 받으면 부모님은 걱정이 앞섭니다. 딱딱하고 경직된 분위기에 혹시라도 아이가 상처 받을까 봐 아이를 학폭위에 데리고 가지 않아도 된다면 데려가고 싶지 않다고 말씀하십니다. 피해학생의 경우 마주치고 싶지 않은 가해학생을 학폭위 자리에서 마주칠지 모른다는 불안감, 학폭위에서 피해 사실을 다시 한 번 상기해야 하는 것에 대한 스트레스 등의 이유로 출석을 꺼리는 경우가 종종 있습니다. 가해학생의 경우 심의위원들에게 혼이 날까 봐, 나쁜 학생 취급을 당할까 봐 출석을 고민하게 됩니다.

학교폭력대책심의위원회에
출석하지 않아도 된다는 선생님

부모님들은 선생님께 여쭤봅니다. "학생은 학폭위에 출석하지 않아도 되나요? 꼭 출석해야 하나요?" 선생님들의 답변은 대체로 같습니다. 바로 출석하지 않아도 된다는 것. 맞는 말입니다. 학폭위는 학생이 출석하지 않거나 혹은 학생과 부모님 모두 참석하지 않아도 진행됩니다. 출석을 강제하는 규정이 없고, 출석을 안 한다고 불이익을 가한다는 규정도 없기 때문에 학교에서는 참석하지 않아도 무방하다고 안내하는 것입니다.

출석하지 않는 것은 의견 진술의 기회를 스스로 포기하는 것과 같습니다

그러나 병원에 입원했거나 심리적으로 극심한 불안감을 느껴 진술이 불가할 정도가 아니라면 가급적 학생의 출석을 권유합니다. 부모님이 아무리 당시 상황을 잘 알고 있고, 전달을 잘할 수 있더라도 학교폭력 사건의 당사자는 학생입니다. 따라서 학폭위 위원들은 일차적으로 학생의 의견을 듣고, 그다음 부모님의 의견을 듣습니다. 또한 부모님의 의견이나 진술보다는 학생의 의견이나 진술을 우선시하고 신빙성을 더 높게 판단합니다.

예를 들어 징계조치를 결정하는 데 참작하기 위해 앞으로 가해학생과 어떻게 지내고 싶냐는 물음에 피해학생은 가해학생과 화해한다면 앞으로도 예전처럼 잘 지내고 싶다고 진술합니다. 반면 부모님은 가해학생이 반성하지 않는 것 같다, 분리가 필요하다고 진술한다면, 위원들은 피해학생의 진술을 신빙할 수밖에 없습니다. 학교에서 가해학생과 함께 생활하는 당사자는 피해학생이기 때문입니다.

학폭위에 출석해야 하는 이유는 또 있습니다. 학폭위 결과를 수용할 수 없어 불복절차를 진행하고자 사무실에 상담을 요청한 사건 중에는 가해학생이 학폭위에 출석하지 않은 경우들이 있습니다. 왜 학교폭력으로 인정되었는지, 왜 유독 징계처분이 높게 나왔는지 학폭위 회의록을 살펴보면, 학폭위 위원들은 가해학생이 출석을 안 한 것을 근거로 반성정도가 낮다고 판단한 것을 확인할 수 있습니다. 학폭위에 가해학생이 출석하지 않은 경우 유독 가해학생의 반성정도를 낮게 판단하는 것은 단순히 우연이 아닐 것입니다. 부모님들은 분명 선생님이 출석해도 그만, 안 해도 그만이라고 해서 출석을 안 한 것인데 선생님 말씀만 믿었다가 낭패를 봤다며 억울해하십니다.

실제로 출석을 하지 않을 경우 보이지 않는 불이익이 생길 수 있습니다. 학교폭력 사안에서 피해학생과 가해학생의 진술이 완벽하게 일치하는 경우는 거의 없습니다. 같은 상황이라도 두 학생의 기억이 엇갈리거나 해석이 다른 경우가 대부분입니다. 피해학생은 출석하지 않았는데, 가해학생은 자신의 행동을 거짓말로 포장하고, 심지어 장난이었다는 식으로 변명하며 자기변호를 한다면 위원들은 가해학생 말을 믿을 수밖에 없습니다. 마찬가지로 가해학생은 출석하지 않았는데, 피해학생은 자신의 힘든 점을 적극적으로 호소하고 피해 상황을 과장까지 한다면 가해학생에게 불리할 수밖에 없다는 건 뻔합니다. 서면으로 진술서를 제출했더라도 글을 보는 것과 학생들의 진술을 직접 듣는 것은 전달과 이해도에서 확연한 차이가 납니다.

얼굴을 맞대고 당사자의 표정과 목소리를 통해 의견을 피력하면 위원들이 학생들의 진심을 알아줄 확률도 높고, 위원들을 설득하기도 수월합니다. 결국 상대방 학생은 직접 자신의 의견을 위원들에게 적극적으로 전달하는데, 우리 아이는 학폭위에 출석하지 않는다면 스스로 의견 진술의 기회를 저버리는 것과 다름없다고 이해하시면 됩니다.

우리는 학폭위 출석을 어떻게 이해해야 할까

학교폭력 가해학생들을 만나 가장 힘든 점은 무엇인지, 학교폭력을 저지르지 않겠다 다짐한 계기가 무엇인지 물어보면 가장 많이 나오는 답변이 있습니다. 바로 자신 때문에 걱정하고 학폭위에서 눈물까지 흘리시는 부모님의 모습을 볼 때라고 합니다. 자기 때문에 부모님이 피해학생 부모님께 죄송하다고 머리를 조아리고, 학폭위에 출석하여 물의를 일으켜 죄송하다고 사과하는 모습을 보면서 아이는 '내가 이런 행동을 하면 부모님이 힘들구나' 하고 마음을 다잡게 되는 것입니다.

부모님도 다시 우리 아이가 학교폭력에 연루되는 일은 원하지 않으실 겁니다. 당장 학교폭력 징계처분이 과하게 나오지 않게 하기 위한 목적도 있겠지만 보다 근본적으로 아이에게 반성하는 기회를 마련해주고, 잘못된 행동을 하였을 경우 어떤 책임이 따르는지를 경험하는 자리로 활용하시라고 권유드리고 싶습니다.

마지막으로 여전히 학폭위 출석에 부담을 느끼고 있는 피해학생 부모님께 이렇게 말씀드리고 싶습니다. 학폭위는 그동안 피해학생이 겪은 힘든 점을 듣기 위해 어른들이 모인 자리입니다. 피해학생이 학교폭력을 겪어 힘들어할 때 이렇게 어른들은 피해학생의 이야기를 듣고 피해학생을 도와줄 준비가 되어 있다고 말입니다. 학폭위를 이렇게 이해하시면 아이도 부모님도 출석에 대한 부담감을 덜 수 있을 것입니다.

CHAPTER 2

자녀가
학교폭력의
피해학생인
부모님께

자녀의 학교폭력 사실을
알게 되었을 때

학교폭력 피해학생의 부모님들은 다양한 경로를 통해 자녀의 학교폭력 피해 사실을 알게 됩니다. 아이가 고백한다거나, 학교의 연락을 받고, 우연히 아이의 휴대폰을 보고, 혹은 경찰서에서 연락을 받고 알게 되는 경우도 있습니다. 학교폭력 사실을 알게 되었을 때 부모님은 가슴이 '철렁' 내려앉는 기분이 듭니다. 가슴 아픈 일이지만 자녀의 학교폭력 사실을 알게 되는 것은 학교폭력을 해결하기 위한 시작점으로 피할 수 없는 일이기도 합니다.

자녀가 초등학생일 때 양상

학교폭력으로 상담하러 온 부모님과 학생에게 각각 물어봅니다. 부모님께는 언제 처음 학교폭력 사실을 알게 되었는지, 학생에게는 언제 처음 부모님께 말씀드렸는지 말입니다. 부모님은 아이가 어떤 학생 이야기를 종종 했지만 그게 학교폭력이라고 생각하지 못했다가 뒤늦게 알았다고 이야기합니다. 반면에 학생은 자신은 매번 부모님께 말씀을 드렸다고 합니다. 이처럼 부모님과 자녀 사이에 인식의 차이가 발생하는 것은 아이의 표현이 서툴러서 부모님이 심각하게 받아들이지 못한 것도 있지만, '어린 초등학생들 사이에 설마 학교폭력이겠어?' 하고 아이의 이야기를 가볍게 넘겨버린 탓도 있습니다. 특히 이런 경우는 초등학교 저학년일수록 빈번하게 발생하는데, 상황이 더 심각해지고 등교까지 거부한 후에야 비로소 예전에 아이가 했던 말들을 떠올리며 '아, 그때 그 이야기가 괴롭힘 당하는 것을 말한 것이었구나' 하고 부모님 스스로 자책하시곤 합니다.

자녀가 중, 고등학생일 때 양상

자녀가 중, 고등학생이라면 아이가 피해 사실을 말하지 않아서 부모님이 뒤늦게 알게 된 경우가 많습니다. 중, 고등학생임에도 부모님께 곧바로 피해 사실을 알렸다면, 평소에 아이와 부모님 사이에 소통이 정말 잘 되는 경우로 참으로 고마운 상황이라고 말씀드리고 싶습니다. 사춘기에 접어든 아이들은 부모님께 말하지 않고 되도록 자기 선에서 문제를 해결하려 합니다. 부모님께 걱정을 끼쳐 드리고 싶지 않은 것입니다. 그럼에도 불구하고 아이가 자신의 학교폭력 피해 사실을 이야기했다는 것은 '더 이상 자기 선에서는 해결하지 못할 것 같다, 더는 견디기 힘들다'는 절실한 표현입니다.

아이들은 부모님께 이미 표현하고 있습니다

아이들이 학교폭력 피해 사실을 말로 표현하지 않아도 실은 행동으로 이미 표현하고 있는 경우가 많습니다. 사례들을 통해 경험했던 학교폭력 피해학생들의 모습은 다음과 같습니다.

- 특정 학생에 대해 자주 언급하며 사이가 좋지 않다, 괴롭힌다 등의 표현을 한다.
- 학교에 다녀오면 의기소침해하거나 무기력한 모습(엎드려 있기, 가만히 누워만 있기 등)을 보인다.
- 밤에 잠을 뒤척이거나, 이유 없이 우는 모습을 보인다.
- 학교에서 친구들과 어떻게 지내는지 물어보거나 대화를 시도하면 회피하거나 신경질적인 반응을 보인다.
- 얼굴이나 몸에 상처 혹은 멍 자국이 보인다.
- 옷이 지저분해져 있거나 음식물이 묻어 있기도 한다.
- 평소에 쓰지 않던 거친 말을 사용하거나, 가족들에게 짜증을 내고 신경질적으로 대한다.
- 평소보다 용돈을 자주 달라고 한다.
- 학교에 다녀오면 밖에 나가는 것을 꺼리고, 가족들과도 밖에 나가지 않으려고 한다.
- 몸이 아프다는 이유로 학교 가는 것을 거부하거나 조퇴를 한다.
- '전학 갈까? 전학 가는 것에 대해 어떻게 생각해? 학교를 옮기고 싶

다' 등 '전학'을 언급한다.
· 휴대폰을 자주 들여다보며 불안해하는 모습을 보이고, 휴대폰을 들고 방이나 화장실로 들어가거나 부모가 휴대폰을 보려 하면 황급히 숨긴다.

자녀에게서 위와 같은 모습이 보인다면 학교에서 힘든 점은 없는지, 혹시라도 괴롭히는 학생이 있는지 먼저 아이와 대화를 시도해야 합니다. 아이가 말하지 않거나 대화를 거부한다고 말을 하라고 다그치면 더 입을 다물 수 있으니, '평소 너의 모습을 보니 무슨 일이 있나 싶어 물어보았다, 엄마 아빠는 언제나 너를 도와줄 준비가 되어 있다'라며 의연한 모습으로 신뢰감을 보여주시는 것이 좋습니다.

그리고 담임선생님과의 상담을 통해 아이의 학교생활 전반에 대해 물으시면서 혹시라도 괴롭힘을 당하거나 다른 학생과 갈등을 겪는 모습을 목격한 것이 있는지, 아이가 담임선생님께 도움을 요청한 적은 있는지 확인해보시기 바랍니다.

때로는 아이가 평소 친하게 지내는 친구들 중 부모님도 알고 지내는 정도의 친구를 통해 자녀의 학교생활에서 평소와 달라진 점은 없는지, 혹시라도 친구가 목격한 것은 없는지 확인해볼 수도 있습니다. 평소 자녀의 휴대폰을 볼 수 있는 상황이라면 페이스북, 카톡, 휴대폰 문자 등을 확인하는 것도 방법입니다.

학교에 입학 또는 새 학년으로 진급을 하는 3월, 학생과 학부모님 모두 새로운 환경과 새로운 선생님, 그리고 새로운 친구들과 적응해가며 긴장된 상태로 생활하게 됩니다. 무탈하게 지내는 아이를 보며, 새로운 환경에 잘 적응했구나 싶어 아이의 학교생활을 주의 깊게 관찰하던 부모님도 점점 긴장의 끈을 놓습니다. 본격적으로 학교폭력이 발생하기 시작하는 때는 **4월**부터입니다. 학교폭력 피해학생 부모님들은 3월까지만 하더라도 아이가 학교생활 하는 데 문제가 없었는데 왜 이런 일이 발생했는지 모르겠다며 속상해하십니다.

　사실 4월에 학교폭력이 많이 발생하는 데에는 이유가 있습니다. 3월에는 학생들끼리 낯설고 아직 친해지지 않은 탓에 아이들도 서로 조심을 합니다. 그러니 학교폭력도 다른 달에 비해 발생빈도가 주춤합니다. 그러나 한 달가량 친해지는 시간을 갖고 교우관계를 형성하면서 교실에는 강자와 약자의 서열이 자연스레 나눠지고 편해진 만큼 상대방에 대한 거친 언어, 장난을 빙자한 폭력이 빈번하게 발생하기 시작합니다. 따라서 긴장하고 있던 3월 학기 초에 아이가 잘 지내는 것 같다고 그 뒤로도 '어련히 잘 지내겠지'라고 막연히 생각하여 피해의 징후를 놓치기보다는, 평소에 비해 아이가 달라진 모습은 없는지 늘 관찰하시길 권유드립니다.

SNS를 통해 끔찍한 학교폭력 사실을 알게 되다

언론에 보도되는 학교폭력 사건 중에는 피해학생의 신고가 아니라 가해학생들이 피해학생을 괴롭히는 자신들의 가해 장면을 촬영하고, 스스로 SNS상에 사진이나 동영상을 게시하여 신고된 사례가 많습니다. 민호 부모님도 마찬가지였습니다. 민호 부모님은 민호가 학교에 잘 다니는 줄로만 알았습니다. 그러나 우연히 민호가 로그인을 해둔 페이스북을 보고 비로소 민호가 끔찍한 학교폭력의 피해학생이라는 사실을 알게 되었습니다. 가해학생들이 민호를 나체로 만들어두고 폭행을 가하는 장면을 고스란히 촬영하였고, 이를 자신들의 페이스북 계정에 게시하면서 민호의 계정을 태그를 해놓았던 것입니다.

> **태그**
> SNS 게시물에 특정 인물의 프로필로 연결되도록 링크를 첨부하고, 특정 인물이 게시글을 확인할 수 있도록 하는 기능.

SNS상에서의 사이버폭력은 다른 학교폭력과도 수반되어 발생하곤 합니다. 온라인에 게시되는 등 현출이 되고 증거가 남는다는 점에서 발견하기도 쉽고, 다른 학교폭력까지도 알 수 있다는 점에서 SNS 확인은 무척 중요합니다. 요즘 학생들이 SNS로 활발하게 소통하고, 온라인상에서 문화를 형성한다는 점을 고려한다면 부모님이 페이스북 등 자녀의 SNS 계정을 틈틈이 관찰하는 것을 권유드리고 싶습니다. 군이 학교폭력이 아니더라도 자녀의 생각이라든지, 학교생활, 교우관계를 이해할 수 있는 가장 쉬운 방법 중 하나입니다.

자녀가 피해 사실을 알려왔다는 것은
자신을 지켜달라는 절실한 표현입니다

　　2020년 교육부 실시 학교폭력실태조사 결과에 의하면 학교
폭력 피해 경험이 있는 학생 중 피해 사실을 주위에 알리거나 신고했다
는 비율은 무려 82.4.%로 과거와 비교하면 학
생들이 학교폭력 피해 사실을 주변에 적극적
으로 알리고 도움을 요청하고 있는 것으로 확
인됐습니다. '어른들은 해결해주지 못할 거야'
라며 학교폭력 피해 사실조차 알리지 않았던
과거에 비하면, 학생들이 어른들이 도움을 줄
수 있다는 믿음을 가지게 되었다는 것만으로
도 다행이라는 생각이 듭니다.

**학교폭력 피해 사실
신고 현황**
2020년 조사에 따르면
피해 사실을 주위에 알리
거나 신고했다는 비율은
82.4%로 과거에 비해 높
아졌으며 가족(45.3%)
과 선생님(23%)에게 도
움을 쳐한 경우가 많았다.

　학생들의 학교폭력에 대한 인식이 개선되었다 하더라도 여전히 피해
학생들은 자신의 피해 사실을 알리기까지 많은 용기가 필요합니다. 자
녀가 학교폭력 사실을 알려왔다면 그 용기에 고맙다는 말부터 건네주
시기 바랍니다. 별일 아니라고 덮어버린다면 자녀는 실망하고 다시는
피해사실에 대해 말을 안 하게 될지 모릅니다. 도와달라는 자녀의 요청
에 응답해주시기 바랍니다. 아이들은 부모님이 자신의 어려움에 공감
하고 자신을 적극적으로 도와주려는 부모님의 모습만으로도 크게 치유
가 됩니다.

학교폭력 증거,
무엇을 어떻게 준비해야 할까

자녀가 가지고 있는 학교폭력 증거에 선생님은 접근하기 어려워도 부모님은 접근하기 쉽습니다. 따라서 '학교에서 알아서 조사해주겠지' 하고 소극적으로 임하시기보다는 자녀가 지니고 있는 증거를 적극적으로 수집하여 학교에 제출하는 것이 필요합니다. 특히 사건 당일이 중요합니다. 내 자녀에게 학교폭력 피해가 발생하면 감정이 격해져 사건 당일 아무런 증거도 확보하지 못하는 경우가 많습니다. 하지만 학교폭력과 관련한 증거는 사건 당일에 확인하기가 가장 용이합니다. 말이 증거이지, 증거라는 게 그리 거창한 것은 아닙니다. 사건과 관련하여 당사자에게 유리한 것이라면 무엇이든 증거가 될 수 있습니다.

시각적으로 상황을 전달하는 '사진' 촬영

만약 폭행을 당해서 다친 부위가 눈으로 보인다면 사진으로 촬영해놓으시기 바랍니다. 맞은 바로 당일에는 멍이 옅었다가 시간이

지날수록 멍이 진해질 수 있습니다. 매일매일 신체의 변화를 살펴가며 사진으로 촬영해 보관하시기 바랍니다. '상해진단서를 끊었으니까 이걸로 다친 게 증명되는 게 아니야?'라며 사진 촬영의 중요성을 간과하시는 부모님들도 있습니다. 물론 상해진단서만으로도 증명은 되지만, 글로 '전치 몇 주의 상해'라고 읽는 것과 다친 부위를 시각적으로 보는 것의 차이는 매우 큽니다. 학교 선생님들이나 학교폭력대책심의위원회에서 보기에도 다친 부위를 사진으로 보았을 때 피해자가 얼마나 다쳤는지, 다친 정도가 어느 정도인지 파악하기 쉽습니다.

가장 객관적인 증거인
'병원 방문 및 상해진단서 발급'

사건 당일 신체적 폭행, 접촉이 있었다면 될 수 있는 대로 병원을 방문해서 상해진단서를 발급받으시기 바랍니다. 결론부터 말씀드리면 학교폭력대책심의위원회는 물론 법적 절차에 있어서 손해배상이든, 형사고소든, 행정심판, 행정소송이든 상해진단서는 피해를 증명할 수 있는 가장 객관적인 증거로 작용합니다. 겉보기에 아무 외상이 없어서 '이 정도로 무슨 병원까지'라고 생각하고 병원을 가지 않는 분들이 계십니다. 하지만 쌍방폭행일 경우 상대방 측에서는 상해진단서를 제출하였는데, 우리 측에서는 진단서가 없으면 졸지에 일방폭행으로 몰리는 경우가 발생할 수 있습니다. 더 나아가 형사고소까지 되었을 때 진단서를 제출한 쪽에서는 우리 아이를 상해로 고소한 반면, 우리는 진단서가 없어서 폭행으로만 고소할 수밖에 없는 경우가 발생하기도 합니다. 상해진단서 발급의 여부로 이렇게 큰 차이를 가져올 수 있는 것입니다.

　때로는 병원에 가서 폭행, 상해 때문에 다쳤다고 사실대로 말하는 것이 아니라 혼자 놀다 다쳤다, 넘어졌다 등 가해행위로 인한 것이 아니라고 말하여 진단서상에 사실과 다르게 적힌 경우들이 있습니다. 왜 그러셨냐고 여쭤보면 좋게 해결될 줄 알았다는 분도 계시고, 심지어는 가해학생 부모님이 그렇게 해야 자기들이 가입한 보험 적용을 받을 수 있다고 설득했다고 합니다. 하지만 나중에 가서 가해학생 측과 합의가 이루어지지 않거나 갈등이 깊어서 후회하는 경우들이 발생합니다. 이러한 진단서는 결국 피해자에게 도움은커녕 오히려 불리한 증거로 작용하니 주의해야 합니다.

> **폭행과 상해**
> 형법은 폭행보다 상해를 무겁게 처벌하고 있다. 폭행은 합의만 되면 곧바로 종결되지만 상해는 합의를 한다고 해도 양형에만 영향을 줄 뿐 사건이 곧바로 종결되지 않는다는 차이가 있다.

아이들의 관계가 고스란히 담겨 있는 SNS와 메신저 '캡처'

　사이버폭력(사이버 불링), 따돌림은 물론 거의 모든 학교폭력 사건에서 항상 증거로 사용되는 것이 카톡 대화, 페이스북 게시글, 페이스북 메신저(일명 '페메') 등 SNS입니다. 자녀로부터 페이스북에 가해자들이 자녀에 대한 '저격글'을 올렸다는 이야기를 들으면 학교폭력 신고를 하고, 선생님과 면담을 합니다. 그리고 페이스북 게시글을 캡처하려고 보면 이미 삭제를 하고 없는 경우들이 허다합니다. 페이스북이나 인스타그램 등에서 비난, 조롱, 저격글을 게시한 것을 보았다면 보는 즉시 캡처하여 보관하시는 것이 좋습니다.

간혹 일대일 대화방이나 단체 채팅방에서 사이버폭력을 당했다는 것을 알고 자녀가 더 상처를 입을까 봐, 혹은 홧김에 방을 나오라고 하고, 대화 내용을 삭제하도록 시키는 부모님이 계십니다. 삭제된 상태에서는 사이버폭력이 있었다는 것을 입증하기 어렵고, 때에 따라서는 가해학생들이 교묘하게 전후 대화 내용은 빼고 피해학생이 욕설한 부분만 캡처해서 증거로 제출하는 상황이 발생하기도 합니다. 물론 휴대폰 데이터 복구업체에 의뢰하는 방법도 있지만 기종에 따라 복구가 안 되는 경우도 있고, 되더라도 시일이 오래 걸려 학교폭력대책심의위원회가 끝나버릴 수 있습니다. 이러한 수고로움을 덜기 위해서라도 아이의 휴대폰을 부모님이 보관하시면서 대화 내용을 캡처하는 것을 권유드립니다.

페이스북, 인스타그램 등 SNS에 게시된 게시글, 댓글에 대한 캡처는 게시글, 댓글이 누구 계정에서 게시되었는지, 게시글이 올라간 일시가 보이도록 화면을 캡처하시기 바랍니다. 게시글에 댓글이 달렸다면 댓글 작성자가 가해학생들이 아니더라도 일단은 댓글까지 함께 캡처해서 보관하시는 것이 좋습니다. 일대일 대화방이나 단체 채팅방은 여건이 안 되면 사이버폭력이 드러난 부분만이라도 캡처를 해야 합니다. 대화 전후가 아직 남아 있는 상태라면 전체 대화 내용을 캡처하여 보관하는 것이 좋습니다. 이처럼 전체 대화 내용을 캡처해서 보관해야 하는 이유는 앞서 언급한 것처럼 가해학생들이 전후 대화 내용은 빼고 피해학생이 불리한 부분만 증거로 제출할 상황을 대비하고, 사이버폭력이 발생하게 된 경위 등을 파악하는 데 도움이 되기 때문입니다. 또 사안의 실마리가 될지 안 될지 몰랐던 대화 내용이 의외의 지점에서 단서로 활용될 수도 있습니다. 대화 내용을 캡처할 때에도 마찬가지로 대화가 이루어진 일시가 보이도록 화면을 캡처하시기 바랍니다.

"야, 너 진짜 심한 거 아니냐"

중학교 3학년 영훈이는 학기 초부터 가해학생 진호로부터 반 단체 채팅방에서의 공개적인 욕설, 따돌림, 폭행 등 온갖 괴롭힘을 당했습니다. 학교폭력대책심의위원회가 열려서도 진호는 자신의 행동은 장난일 뿐이었다고 진술하고, 진호 부모님도 "진호가 원래 장난을 잘 치는 편이다. 요즘 애들 장난이다"라고 하면서 오히려 진호가 피해학생이라고까지 주장하였습니다. 학폭위에서 진호의 행위가 학교폭력으로 인정이 되어 징계처분이 내려지기는 했지만 영훈이 부모님은 조치가 가볍다고 판단하셨고, 학폭위 회의록을 열람, 복사해서 보니 장난에 불과했다는 진호 측 주장이 일부 받아들여진 것이 원인임을 알 수 있었습니다.

학폭위 불복 절차로 피해학생 행정심판을 제기하면서 증거를 살펴보던 중 반 단체 채팅방에서 중요한 단서 하나를 발견했습니다. 바로 반 친구의 말 한마디였습니다. "야, 진호 너 진짜 영훈이한테 심한 거 아니냐. 적당히 좀 해." 진호가 영훈이에게 욕설과 조롱하는 것을 보다 못한 반 친구가 진호를 지적했던 것이었습니다. 영훈이 부모님이나 심의위원회에서는 진호가 했던 말에만 집중하였지 반 친구의 말에 대해서는 신경 쓰지 못했지만, 저 한마디에는 많은 의미가 담겨 있었습니다. 말이 거칠다는 요즘 학생들의 언어 수위를 고려하더라도 반 친구들이 보기에 진호의 욕설이나 그간의 괴롭힘은 장난으로 치부할 정도가 아니라는 점을 한 학생의 말 한마디로 입증할 수 있었습니다. 결국 행정심판청구는 인용되었고 진호에게는 추가 징계처분이 내려졌습니다.

목격한 친구들의 증언

가해학생과 피해학생의 진술이 엇갈릴 때, 가해학생이 도무지 자신의 가해행위를 인정하지 않을 때에는 목격한 친구들의 증언이 가장 큰 증거가 됩니다. 따라서 자녀가 학교폭력의 피해를 입었을 때 주변에 다른 학생들이 누가 있었는지 함께 파악하는 것이 중요합니다. 학교폭력 사실을 목격한 학생들이 있다면 부모님께서 의견을 제시할 때 목격학생들을 특정해서 학교 측에 알리시면 사안조사가 쉽게 이루어질 수 있습니다. 그럼에도 목격학생들에 대한 사안조사가 이루어지지 않는

다면 학교폭력예방법 제14조 제6항 '피해학생 또는 피해학생의 보호자
는 피해 사실의 확인을 위하여 전담기구에 실태조사를 요구할 수 있다'
규정에 따라 정식으로 조사해달라고 요구하시는 것이 좋습니다.

학교폭력 해결은
아이가 정말로 원하는 방법으로

초등학교 6학년인 여학생이 어느 날 엄마에게 학교에서 친구들이 괴롭히고 따돌림을 당하고 있다고 털어놓았습니다. 어머니는 곧장 담임선생님께 전화해 자녀에게서 들은 이야기를 말씀드리며 가해학생들의 지도를 부탁하였습니다. 다음 날, 선생님은 종례시간에 반 학생들에게 공개적으로 피해학생을 괴롭히지 말고 잘 지내라며 지도를 하셨습니다. 그런데 그날 밤, 피해학생은 아파트 옥상으로 올라가 그만 극단적인 선택을 하고 말았습니다. 바지 한쪽 주머니에는 자신을 따돌렸던 학생들의 이름을 적은 쪽지를, 다른 한쪽 주머니에는 자신을 도와줬던 학생들의 이름을 적은 쪽지를 넣어둔 채 말입니다.

왜 불과 하루 사이에 이런 일이 일어났을까요? 담임선생님의 종례 말씀을 들은 가해학생들은 피해학생이 담임에게 일러바쳤다며 방과 후 계속해서 휴대폰 문자, 전화로 협박과 비난, 조롱하였습니다. 다음 날 학교 가기가 두려웠던 피해학생이 극단적인 선택을 하였던 것이었습니다.

어느 학교폭력 세미나에서 다룬 학교폭력 사례입니다. 도대체 무엇이 잘못되어 이런 비극을 초래했을까요. 피해학생에게 어떻게 해줬으면 좋겠는지 한 번이라도 물어봤다면 어땠을까, 헛된 가정을 해봅니다.

혹시 아이에게 어떻게 해줬으면 좋겠냐고 물어보셨나요?

피해학생의 부모님들은 내 아이가 학교폭력의 피해자가 되었다는 슬픔과 가해학생에 대한 분노, 또다시 학교폭력이 재발할지 모른다는 걱정 등 복잡한 감정이 한데 섞여 부모님들이 원하는 방향으로 사건을 해결하려 합니다. 그래서 가해학생이 중징계를 받길 요구하거나, 가해자의 공개사과 등을 요구하는 경우가 많습니다. 때로는 사건이 발생한 다음 날부터 정신적 충격을 받았고 재발이 우려된다며 자녀에게 학교에 가지 말라고 하기도 합니다. 피해학생 부모님이 상담을 받으러 오시면 이렇게 묻곤 합니다. "혹시 자녀에게 어떻게 해줬으면 좋겠다고 물어보셨나요?" 대부분 부모님은 이렇게 대답하십니다. "아뇨, 거기까지는 미처 생각하지 못했네요."

"엄마 난 그 친구가 반에 왔으면 좋겠어, 그냥 예전처럼 돌아가고 싶어"

정환이는 영철이로부터 일방적인 신체 폭행을 당했습니다.

연락을 받으신 부모님은 곧장 정환이를 조퇴시켜 병원에 데려갔고, 학교폭력 제도에 대해서도 열심히 알아보셨습니다. 그중 긴급조치로서 **가해학생 긴급 선도조치** 제도가 있다는 걸 확인했고, 학교 측에 영철이에 대한 출석정지 긴급조치를 요청하였습니다.

정환이 부모님은 반 학생들이 보는 가운데 영철이가 정환이에게 공개사과를 할 것을 학교 측에 요청하였지만 학교에서 공개사과는 안 된다고 하였습니다. 정환이 부모님은 학교 측의 반대가 정당한지, 그리고 영철이를 전학이든 학급교체든 '분리 처분'을 받게 하고 싶은데 어떻게 해야 하는지 알고 싶어 저에게 상담을 요청하셨습니다.

> **가해학생 긴급 선도조치**
> 학교장이 가해학생에 대한 선도가 긴급하다고 인정할 경우 학폭위 개최 전에도 할 수 있는 조치. 1호 서면사과, 2호 피해학생 및 신고, 고발학생에 대한 접촉, 협박 및 보복행위의 금지, 3호 학교에서의 봉사, 5호 특별교육이수 또는 심리치료, 6호 출석정지가 있다.

영철이가 출석정지 조치를 받은 지 3일째, 정환이는 집에 와서 어머니께 이렇게 이야기하였다고 합니다. "엄마, 난 영철이가 그냥 반에 왔으면 좋겠어." 저는 어머니께 정환이에게 공개사과를 원하는지 물어보실 것을 권유드렸습니다. 정환이는 '공개사과 받고 싶지 않다, 그냥 다시 예전처럼 돌아가고 싶다'라는 입장이었습니다. 부모님과 상의 끝에 정환이가 바라는 대로 재발 방지를 조건으로 조기에 사건을 마무리하는 것이 정환이를 위한 것임을 설명해드리고, 가해학생에 대한 긴급조치도 도중에 해제하였습니다. 정환이는 자신의 바람대로 다시 예전과 같이 일상적인 학교생활로 돌아갔습니다.

자녀의 의견을 적극 반영하는 것이
가장 좋은 해결방법입니다

정환이의 사례는 의미하는 바가 큽니다. 가해학생이 다시 반으로 돌아왔으면 좋겠다는 것도, 공개사과가 싫다는 것도 피해학생의 성격이나 반 분위기 등 복합적인 환경이 작용한 결과입니다. 정환이 입장에서는 계속해서 영철이가 학교에 오지 못하는 상황이 불편하고 어색했을 수 있습니다. 또 공개사과가 강제로 할 수 있는 일도 아니고, 자발적으로 영철이가 공개사과를 하더라도 정환이는 반 학생들에게 그 사건이 상기되는 것 자체가 싫었을 수 있습니다. 학교폭력예방법상 징계처분이라는 것도 피해학생 보호와 가해학생의 선도에 목적이 있습니다. 피해학생을 위한 것이라면 결국에는 당사자인 자녀가 원하는 의견을 적극적으로 반영하는 것이 학교폭력 사안을 해결하는 가장 좋은 방법입니다.

자녀가 학교에 가고 싶지 않은 것인가요,
부모님이 보내고 싶지 않은 것인가요?

간혹 학교폭력 피해학생의 부모님이 자녀를 등교시키지 않는 경우가 있습니다. 아이가 등교를 거부하거나 가해자와 분리를 원한다면 등교하지 않은 채 일시적으로 집에서 보호하고, 체험학습으로 학업을 대체한다든지, 긴급조치 등을 통해 가해자와 분리하는 것이 필요합니다. 하지만 학생은 학교에 가고 싶어 하는데 부모님께서 학교폭력대책심의위원회를 준비해야 하니까, 아이를 보호하기 위해서, 라는 이유로 학교에 못 가게 하는 것이 과연 옳은 방법인지는 고민해보셨으면 합니다.

아이들이 학교에 가고 싶어 한다면 가해학생과 피해학생은 이미 화해를 했을 수 있습니다. 또 장기간 학교에 가지 않으면 다른 친구들과의 교우관계가 단절될까 봐 걱정이 될 수도 있습니다. 자녀가 학교에 가고 싶지 않은 것인지, 혹시 '부모님이 보내고 싶지 않은 것'은 아닌지 자녀와 충분히 의견을 나눈 후 등교 여부를 선택하셔도 늦지 않습니다.

최악의 방법은
아무것도 하지 않는 것입니다

쌍둥이 배구선수의 과거 학교폭력 폭로를 시작으로 운동선수, 연예인들로부터 과거 학교폭력 피해를 입었다는 피해자들의 일명 '학폭 미투'가 이어졌습니다. 피해자들은 오래전 일임에도 마치 어제 일처럼 생생하다고 이야기하였습니다. 이들은 과거 매듭짓지 못한 자신의 학교폭력 피해에 대해 법적 책임을 물을 수 없다면 사회적 책임이라도 묻고 싶다는 심정으로 용기를 가지고 목소리를 낸 것이었습니다.

학교폭력을 당한 피해학생은 신체적 피해는 물론 심리적, 정신적으로 큰 충격을 겪습니다. 그리고 피해로 인한 트라우마는 성인이 돼서도 계속 남아 있을 수 있습니다. 실제로 대학생, 성인이 된 학교폭력 피해자가 자신의 중, 고등학교 시절 겪었던 학교폭력을 지금이라도 해결하고 싶다고 사무실에 상담을 요청하는 사례가 종종 있습니다. 피해자들은 일상생활을 하다가도 그때의 기억들이 불쑥 떠오른다며, 학교를 졸업하고 성인이 된 지금까지도 학교폭력의 피해에서 벗어나지 못했다고 토로합니다. 상황이 심각한 경우에는 정신질환까지 겪는 분들도 있을 정도입니다.

때로는 5~6년 전 자녀의 학교폭력 사건을 신고할 방법이 있는지 문의하는 부모님도 계십니다. 부모님은 별일 아니라 여기고 아무것도 해결하지 않은 채 넘어갔는데, 자녀는 씻을 수 없는 마음의 상처로 남아 '왜 그때 자신을 도와주지 않았냐'며 부모님에게 원망의 화살을 퍼붓는 것입니다. 정말 안타까운 것은 오래전 일이라 증거를 확보하기도 어렵고 공소시효 등 법적으로 문제를 제기할 수 있는 기간을 넘겨서 도와주고 싶어도 도울 수 없는 경우가 많다는 사실입니다.

학교폭력을 대처하는 데 최악의 방법은 아무것도 하지 않는 것입니다. 벌어진 상처는 꿰매야 아물 듯이 피해학생에게도 학교폭력을 매듭짓고 상처를 치유할 수 있는 기회를 주어야 합니다.

등교를 거부하는 아이,
어떻게 해야 할까요

학교폭력 상담을 하다 보면 자녀가 등교를 거부해 고민하시는 부모님이 참 많습니다. 어떤 학생은 전학을 요구하기도 하고, 심지어 자퇴를 원하는 아이도 있습니다. 부모님 입장에선 학교에 가지 않으려는 자녀의 마음이 이해되면서도, 아무리 힘들어도 학교는 가야 되는 건 아닌지, 불안감을 떨치지 못하는 게 당연합니다. 등교를 거부하는 아이, 학교에 보내야 하는 걸까요?

아이들은 어른보다 주변의 시선에 훨씬 민감합니다

청소년기 아이들은 어른들이 생각하는 것보다 주변의 시선에 훨씬 민감합니다. 사춘기를 겪는 학생들이다 보니 어쩌면 당연한 일입니다. 따돌림을 당하는 학생의 증상 중 하나가 바로 급식을 먹지 않는 것인데요. 따돌림을 당하면 같이 밥을 먹던 친구들과 밥을 못 먹게 됩니다. 이미 학생들 사이에 무리가 형성돼 있기 때문에 다른 친구들과 함께 먹기도 어렵습니다. 같이 먹자고 말하기엔 자존심이 상하는 것도 아이들의 솔직한 심정입니다. 게다가 혹시라도 같이 밥을 먹자고 말을 꺼냈다가 따돌림 사실을 몰랐던 학생들한테도 자신이 따돌림 당하는 사실이 알려질까 봐 더더욱 말할 수 없습니다. 어른들은 '까짓것 혼자 먹으면 되지 뭐가 문제일까'라고 쉽게 생각하지만, 어린 학생들에게 '혼밥'은 어렵습니다. 따돌림이 알려질 바에 아이들은 굶는 걸 택합니다.

비단 급식뿐 아니라 피해학생은 학교생활 전반에 어려움을 겪습니다. 가해학생들의 태도, 가해학생과 피해학생을 바라보는 반 친구들 사이의 미묘한 신경전, 피해를 목격한 주변 친구들이 나를 어떻게 바라볼지에 대한 걱정, 두려움 등 복합적인 상황과 감정이 몰아칩니다. 학교생활이 삶의 큰 비중을 차지하는 어린 학생들이 감당하기엔 어려운 일입니다. 결국 등교 거부라는 최후의 선택을 하는 것입니다.

> 학교는 어쩌면 공동체 생활을
> 강요하는 곳일지도 모릅니다

학생들이 등교를 거부하는 건 학교라는 공동체가 지닌 특수성이 가장 큰 원인이라고 생각합니다. 어른들의 경우를 생각해봅시다. 대학교의 경우 시간표와 강의를 학생이 선택할 수 있습니다. 혼자 강의를 듣기도 하고, 마음이 맞는 동기들과 시간표를 함께 짜기도 합니다. 생각과 달리 적성에 맞지 않을 경우 전과를 하기도 합니다. 휴학을 통해 생각할 시간을 가질 수도 있고, 편입학이나 수능을 통해 다른 학교로 진학할 수도 있습니다. 직장은 또 어떻습니까? 내가 원하는 회사, 원하는 부서를 선택해서 입사지원을 합니다. 직장생활 도중 상사나 동기와 갈등이 생기면 부서 이전을 요청할 수도 있고, 정 마음에 안 들면 퇴사를 하고 이직할 수도 있습니다.

　그런데 초, 중, 고등학교는 어떻습니까. 학교에서 학생들에게는 아무런 선택권이 없습니다. 내 의지와 상관없이 정해진 반과 반 친구들, 그리고 정해진 담임선생님과 1년 동안 생활해야 합니다. 친구와 갈등이 생기거나 심지어 담임선생님과 갈등이 생겨도 반을 바꿀 수 없습니다. 자발적 전학도 매우 제한됩니다. 주소 이전 등 특별한 사정이 없는 한 마음대로 전학도 갈 수 없습니다.

　이와 같은 학교문화는 오래전부터 '공동체 생활에 적응해야 한다'라는 명제하에 당연시되어온 제도에서 비롯된 것일지 모릅니다. 학생들은 자신의 의지와 상관없이 정해진 공동체 속에서 적응하길 강요받습니다. 그리고 갈등을 겪는 학생은 부적응자로 취급받게 됩니다. 설령 학교폭력의 피해로 인한 것일지라도 말입니다.

등교를 거부하던 아이가
어느 순간부터 학교에 가겠다고 합니다

중학교 1학년인 수민이는 흔히 언론에서 말하는 집단폭행을 당한 피해학생이었습니다. 같은 학교 2, 3학년 언니들과 동급생들, 그리고 다른 학교 학생들까지 10여 명이 집단으로 동네 골목에서 뺨을 때리고 발로 정강이를 차는 등 수민이에게 폭력을 가했습니다. 그로 인해 수민이는 몸에 멍이 생기고 마음에도 큰 상처를 받았습니다. 여러 명의 가해학생들을 어떻게 신고해야 할지, 또 어떻게 사안을 처리해야 할지 막막했던 수민이 어머니께서 상담을 요청하셨습니다. 수민이 어머니의 큰 고민 중 하나는 수민이가 학교를 가지 않는 것이었습니다. 수민이를 만나 물어보았습니다. "수민아, 네가 학교에 가고 싶지 않은 이유가 뭐니?" 수민이는 지나다닐 때 가해학생들을 마주치면 그 학생들이 자신을 보고 수군대고 그러다 보니 급식실 가는 것도 꺼려져 밥을 못 먹는 것이 가장 큰 이유라고 하였습니다.

어머니께 수민이가 왜 학교에 가기 싫어하는지 알려드리고, 학폭위가 개최될 때까지 수민이가 원하는 대로 등교시키지 않도록 권유드렸습니다. 며칠 후 학폭위가 개최되기도 전 수민이는 어머니께 학교에 가고 싶다는 의사를 밝혔습니다. 수민이가 학교에 오지 않자 학교 친구들이 '보고 싶다, 걱정된다'며 연락을 했던 것입니다. 학교에도 내 편이 있다는 생각, 학교 친구들을 보고 싶은 마음에 수민이 스스로 다시 학교에 갈 마음이 생긴 것입니다. 게다가 막상 수민이가 학교에 가니 학교에서는 가해학생들에 대한 사안조사가 진행 중이었고 보복행위 금지 등 주의를 받은 가해학생들은 더 이상 수민이를 보고 수군대거나 위화감을 조성하지 않았습니다.

아이에게 잠시 쉴 수 있는
여유를 주어도 좋습니다

등교를 거부하는데 억지로 학교에 보냈다가 2차 피해와 중압감, 심리적 불안감에 학교 자체를 거부할 수도 있습니다. 부모님들은 그래도 학교를 가야 하지 않냐며 억지로라도 학교에 가라고 권유합니다. 하지만 자녀가 등교를 거부하는 것은 나약해서가 아니라 정말로 견디기 힘들어 가지 못하는 것이라 이해해주셔야 합니다. 며칠 등교하지 않는다고 해서 큰일이 벌어지는 것은 아닙니다. 오히려 아이가 원한다면 한 걸음 사건에서 물러나서 온전히 자신만의 시간을 갖도록 여유를 주는 것도 학교폭력 피해를 회복할 수 있는 좋은 방법입니다. 그렇게 시간이 지나면 수민이와 같이 아이 스스로 학교에 가고 싶어지는 순간이 올 수 있습니다.

피해학생 보호를 위한
출석 인정 제도 활용하기

치료 혹은 아이의 등교 거부로 결석할 때 부모님들은 출석이 인정되는지 걱정을 많이 하십니다. 학교폭력예방법 제16조는 피해학생의 보호조치에 대한 내용을 규정하고 있는데 그중 하나가 바로 '결석을 출석일수에 산입할 수 있다'는 규정입니다.

학교폭력예방법 제16조(피해학생의 보호)
① 심의위원회는 피해학생의 보호를 위하여 필요하다고 인정하는 때에는 피해학생에 대하여 다음 각
   호의 어느 하나에 해당하는 조치(수 개의 조치를 동시에 부과하는 경우를 포함한다)를 할 것을 교
   육장(교육장이 없는 경우 제12조제1항에 따라 조례로 정한 기관의 장으로 한다. 이하 같다)에게
   요청할 수 있다. 다만, 학교의 장은 피해학생의 보호를 위하여 긴급하다고 인정하거나 피해학생이
   긴급보호를 요청하는 경우에는 제1호, 제2호 및 제6호의 조치를 할 수 있다. 이 경우 학교의 장은
   심의위원회에 즉시 보고하여야 한다.
   1. 학내외 전문가에 의한 심리상담 및 조언
   2. 일시보호
   3. 치료 및 치료를 위한 요양
   4. 학급교체
   5. 삭제<2012. 3. 21.>
   6. 그 밖에 피해학생의 보호를 위하여 필요한 조치
④ 제1항의 조치 등 보호가 필요한 학생에 대하여 학교의 장이 인정하는 경우 그 조치에 필요한 결석
   을 출석일수에 포함하여 계산할 수 있다.

학교장은 보호가 필요한 학생에 대해 그 조치에 필요한 결석을 출석
일수에 산입할 수 있습니다. 또 학폭위 및 교육장의 보호조치 전에도
학교폭력으로 인해 등교를 못할 경우 출석으로 인정될 수 있도록 규정
이 마련되어 있으니 학교에 결석을 출석일수에 산입해줄 것을 요청하시
기 바랍니다.

학교폭력의 위기에서
좌절하지 않은 형인이

고등학생이었던 형인이는 같은 반 학생들의 심한 조롱에 시
달려야 했습니다. 친구들은 또래보다 체격이 큰 형인이의 외모를 비하

하고 놀렸습니다. 조롱은 날로 심해졌고 나중에는 집단 따돌림의 피해 학생이 되어버렸습니다. 견디다 못한 형인이는 부모님께 집단 따돌림을 당한 사실을 털어놓았고 가해학생들을 학교폭력으로 신고했습니다. 학교폭력 신고 후 학폭위가 개최되기 전까지 가해자들은 형인이에게 미안하다고 사과도 하고 먼저 와서 챙겨주는 모습을 보였습니다.

문제는 학폭위 이후였습니다. 학교에서는 가해학생들이 고등학생이라는 이유로 입시에 악영향을 줄 수 있다며 사건을 축소하기에 급급했습니다. 형인이에게 노골적으로 '너만 참으면 다 좋다, 학폭위 이후에 너의 학교생활이 더 힘들어질 것이다'라며 회유하고 겁을 주었습니다. 이러한 학교의 태도는 학폭위 결과로도 이어져 학교폭력이라 인정하면서도 '조치 없음'이라는 납득하기 어려운 처분을 내렸습니다. 이와 같은 결과가 나오자 가해학생들의 태도는 돌변했습니다. 형인이에게 잘해주었던 것도 징계를 모면하기 위한 면피용일 뿐이었던 것입니다.

반 학생들 전체가 형인이를 유령 취급하기 시작했고 왕따에서 은따가 된 형인이는 도저히 학교에 다닐 수 없는 지경에 이르렀습니다. 학교 측의 태도에 실망한 형인이 부모님 역시 형인이를 더는 해당 학교에 맡길 수 없다고 판단했습니다. 형인이가 학교에 가지 않는 시간 동안, 여러 방면으로 진로에 대해 고민했고 결국 형인이는 해외 고등학교로 진학하기로 했습니다.

현재 형인이는 미국에 있는 고등학교에서 잘 적응하며 원하는 목표를 하나씩 이루고 있습니다. 아픈 경험이었지만 시간이 지나 돌아보면 위기를 미래를 위한 발판으로 삼았다고 기억되길 바라봅니다.

전학을 피해학생이 '피하는 것'이라고만
생각할 필요는 없습니다

아이가 전학을 원하고, 부모님도 전학이 좋겠다고 생각하면 서도 마음 한편으로 이런 생각이 들곤 합니다. '우리가 피해자인데 왜 우리가 전학을 가야 하지? 왜 우리가 피해야 하지?' 하지만 전학을 꼭 피하기 위해 선택하는 것이라고 부정적으로 바라볼 필요는 없습니다. 어쩌면 이런 부정적인 생각은 앞서 이야기해드린 것처럼 공동체 생활 과 적응을 강요하는 학교라는 조직문화에 부모님 역시 깊숙이 동의하 기 때문일지도 모릅니다. 이직이나 편입학, 전과처럼 자발적으로 더 나 은 환경에서 학교생활을 하기 위해 전학을 간다고 생각해보는 것은 어 떨까요? 우리가 피해자이니까 우리는 어떻게든 이 학교에 남아야 해, 라는 생각으로 전학을 원하는 아이에게 지금 학교에 남도록 하는 것은 학교폭력의 후유증을 방치하는 것과 같은 결과를 초래할 수 있습니다. 형인이 사례처럼 더 좋은 학교와 환경을 선택하는 것도 기회가 될 수 있 습니다.

피해학생이 자발적 전학을 가고 싶다면

만약 피해학생이 전학을 가기로 결심했어도 발목을 잡는 것 이 하나 있습니다. 전학을 가려면 주소 이전을 해야 하는데 계획에 없던 이사를 해야 한다는 게 녹록지 않기 때문입니다. 예전 학교폭력예방법에는 피해학생 보호조치 중 전학권고 조항이 있었습니다. 그러나 2012년 법 개정 시 해당 조항이 삭제됐습니다. 학교폭력 사안처리 과정에서 학교폭력을 축소, 은폐하고 가해학생을 선도하기보다는 피해학생을 전학 보내 사건을 무마하려는 학교들의 현실을 개선하기 위함이었습니다.

해당 조항이 삭제되었어도 학교폭력예방법을 통해 전학 요청이 가능합니다. 그 근거는 바로 학교폭력예방법 제16조 제6호 '그 밖에 피해학생의 보호를 위하여 필요한 조치'입니다. 학교장은 피해학생을 위해 불가피하다고 판단되면 해당 학생의 전학을 교육감 또는 교육장에게 추천할 수 있습니다. 교육감 또는 교육장은 학교장이 학생의 교육상 교육환경을 바꿔줄 필요가 있다고 인정하여 다른 학교로의 전학 또는 편입학을 추천한 자에 대하여는 전학 또는 편입학할 학교를 지정하여 배정할 수 있도록 마련되어 있으니 이 제도를 활용하시면 피해학생으로서 보호를 받을 수 있습니다.(초·중등교육법 시행령 제21조 제6항, 제73조 제6항, 제89조 제5항)

신고를 하면 가해학생이
보복을 할까 두려워요

학교폭력 신고, 그리고 학교폭력대책심의위원회의 실효성에 대해 의문을 품는 부모님들이 많습니다. 가해학생에 대해 전학 처분이 내려지지 않는 이상 학폭위가 무슨 의미가 있냐며 회의적인 반응을 보이시는 분들에서부터 학교폭력으로 신고하고 학폭위를 열었을 때 가해학생 심기를 건드려 보복 내지 2차 피해를 받을까 봐 두렵다며 신고 자체를 포기하는 분들도 있습니다.

가해학생에게 가장 두렵고 큰 처벌은 무엇일까

기석이는 또래 친구들보다 덩치가 좋고 힘이 센 학생이었습니다. 학기 초부터 마음에 들지 않는 승환이를 따돌리고 다른 친구들에게도 놀지 말라고 하며 따돌림을 주도했습니다. 기석이는 틈만 나면 반 친구들 앞에서 승환이를 조롱했고 패드립과 욕설, 폭행도 서슴지 않았습니다. 기석이는 여기에서 그치지 않고 괴롭힘 상대를 넓혀갔습니다. 바로 자신의 따돌림에 가담하지 않고 승환이와 어울려 지내는 다른 학생 3명 지훈, 재영, 승재까지 타깃으로 삼은 것입니다. 반 학생들은 기석이의 괴롭힘을 그저 지켜볼 수밖에 없었습니다. 만약 자신이 승환이와 어울리면 똑같이 기석이의 괴롭힘 대상이 될지 모른다는 걱정 때문이었습니다.

참다못한 지훈이는 용기를 내어 기석이를 학교폭력으로 신고하였고, 기석이의 가해행위는 학교에 알려져 학폭위가 열리게 됐습니다. 피해학생 부모님들은 기석이에게 '전학' 내지 최소한 기석이와 분리될 수 있도록 '학급교체' 징계처분이 내려지길 원하셨습니다. 그러나 학폭위의 처분은 '출석정지'에 그쳤고, 피해학생 부모님들은 학폭위 결과에 불만을 드러냈습니다.

기석이의 반성하지 않는 모습이라든지, 수개월간 이어진 따돌림, 승환이를 따돌리기 위해 다른 학생들을 가담시키며 이에 동참하지 않는 학생들까지 괴롭힌 폭력의 정도에 비하면 출석정지라는 처분에 불만을 가지시는 것도 이해됐습니다.

그러나 교실에서는 이미 변화가 일어나고 있었습니다. 출석정지 처분을 이행한 며칠 후, 기석이는 교실로 돌아왔습니다. 그러나 상황은 전과 달랐습니다. 반에서 큰소리를 치며 피해학생들을 따돌리고 반 분위기를 주도하던 기석이로부터 친구들이 떨어져 나가기 시작한 것입니다. 알게 모르게 기석이의 따돌림에 동참하던 학생들도 더 이상 가담하지 않게 되었고, 기석이는 피해학생들을 괴롭히는 행동을 멈추게 되었습니다. 오히려 기석이가 따돌림을 당하는 것처럼 보일 정도였습니다. 기석이는 친구들이 자신과 어울리지도 않고, 자신이 따돌림 당하는 것 같다며 괴로움을 토로하였습니다.

학교폭력은 신고만으로도
재발방지 효과가 있습니다

왜 이런 결과가 나온 걸까요? 우선 학교폭력 사건은 신고되는 것만으로도 학생들 사이에 분위기를 전환시키는 효과가 있습니다. 지속적인 폭력에 노출되었던 교실에, 가해자의 행동이 문제가 되고 학교폭력으로 신고할 수 있다는 인식이 퍼지는 것입니다. 목격학생 사안 조사나 반 학생들을 대상으로 이루어지는 설문조사 등을 통해서도 학생들은 가해학생의 가해행위를 상기하게 됩니다. 그리고 학폭위가 개최되어 가해학생에게 징계처분이 내려지면 학생들 사이에서 가해학생의 행위가 잘못된 것임을, 그리고 피해학생이 피해를 입었다는 사실을 확인되게 됩니다. 이처럼 '전학이나 학급교체가 아니면 안 된다, 학폭위가 무슨 소용이 있냐'는 부모님들의 우려와 달리 실제로 학교폭력 신고나 학폭위 개최는 학교폭력 예방에 적지 않은 효과가 있습니다.

앞선 사례에서 기석이가 학급교체가 되었다면 그것으로 끝났을지 모릅니다. 오히려 기석이에게 가장 두렵고 큰 처벌은 일시적인 징계가 아닌 지금처럼 친구들에게 소외받는 일일 겁니다. 일시적인 징계처분이 아닌 교실과 학교의 분위기 전환은 더 큰 학교폭력을 예방하고 재발을 방지할 수 있습니다. 학생들에게는 학교폭력을 행사하였을 경우 어떤 결과가 따르고, 어떤 책임을 지게 되는지 스스로 체감하게 하는 것이 훨씬 효과적입니다.

신고하지 않으면 심해지면 심해졌지 결코 나아지지 않습니다

서영이의 어머니는 다급하게 사무실을 찾아오셨습니다. 서영이는 소위 일진으로 불리는 학생과 그 무리 5명에게 미움을 샀습니다. 가해학생들은 학교에서 면박을 주고, 방과 후 서영이를 공원이나 으슥한 주차장 등으로 데려가 협박하거나 사과를 강요하고 때리기까지 하였습니다. 이런 상황이 반복되는 가운데 또다시 주차장으로 불러내는 가해학생들의 일방적 통보에, 서영이는 용기를 내 경찰에 신고하였고, 이는 학교로 전달되었습니다. 어머니는 학교 선생님과 면담을 하면서 의아했습니다. 선생님이 '일진 중 주동자 아이는 학교에서도 감당하기 힘든 학생이므로 학교폭력 신고를 철회하는 게 어떠냐'고 권유한 것입니다. 어머니는 선생님 말씀대로 학교폭력 신고를 철회하는 게 좋은지, 정말 가해학생의 심기를 건드려 2차 피해가 발생한다면 신고를 하고 싶지 않다며 이를 확인하고 싶어 상담을 요청하였다고 하셨습니다.

부모님들이 학교폭력 신고를 꺼려하는 이유는 바로 2차 피해가 발생할지도 모른다는 두려움 때문입니다. 이는 피해학생들이 두려워하는

지점이기도 합니다. 때로는 학교에서 피해학생 부모님의 이러한 걱정을 교묘하게 부추기기도 합니다. '가해학생은 학교 일진이어서 건드려봐야 좋을 것 없다', '어차피 학폭위에 간다고 해서 반성하거나 고쳐질 아이가 아니다'라며 신고를 만류하는 것입니다. 그렇다면 정말로 학교폭력 신고를 하지 않는 것이 오히려 학교폭력을 예방하는 방법일까요?

한 학생을 괴롭혔습니다. 그러자 부모님과 어른들이 개입되고, 자신의 부모님까지 학폭위에 출석해야 하는 상황이 발생합니다. 반면 다른 학생은 괴롭혀도 아무 일도 일어나지 않습니다. 가해학생들은 생각합니다.

'거봐. 쟤는 건드려도 어차피 신고도 못 하는 찐따라니까.'

신고하지 않는 학생은 가해학생들이 괴롭힐 수 있는 손쉬운 상대로 인식됩니다. 가해학생들은 물론, 그 이후 제2, 제3의 잠재적 가해학생들의 타깃이 될 가능성이 높습니다. 학교폭력으로 신고되면 대개는 일단 가해행위를 중단합니다. 그 자체로 추가적인 학교폭력을 막을 수 있습니다. 서영이 사례에서도 신고 사실을 알고 가해자가 서영이에게 '무슨 짓을 한 거냐'며 연락까지 했지만 부모님의 연락 차단과 경찰 수사관의 개입 이후 일체의 접촉은 중단되었습니다. 만에 하나 이후 2차 가해가 일어난다 해도 신고를 안 했다면 2차 가해는 일어나지 않았을 거라 생각지 마시고, 신고와 상관없이 가해는 발생하였을 것이라는 점을 명심하셔야 합니다. 신고를 해도, 안 해도 2차 가해가 발생할 것이라면 신고를 하는 것이 피해학생을 보호하고 가해학생들에게 책임을 묻는 데 훨씬 용이해집니다.

학교장은 피해학생을 보호하고 가해학생에 대한 선도가 긴급하다고 인정할 경우 피해학생에 대한 접촉, 협박 및 보복행위의 금지 조치를 할 수 있습니다.(학교폭력예방법 제17조 제4항) 학폭위 이후에도 가해학생의 접촉, 보복을 금지하는 조치를 내릴 수 있으며(학교폭력예방법 제17조 제1항 제2호) 신고 후 가해학생이 피해학생에 대해 재차 협박 또는 보복행위를 할 경우 학폭위에서 **가중 조치**됨(학교폭력예방법 제17조 제2항)은 물론 형사처벌을 받음에 있어서도 보복범죄의 범주에 포함되어 더 중한 처벌이 내려지기 때문입니다.

특정범죄 가중처벌 등에 관한 법률 제5조의9

① 자기 또는 타인의 형사사건의 수사 또는 재판과 관련하여 고소·고발 등 수사단서의 제공, 진술, 증언 또는 자료제출에 대한 보복의 목적으로 「형법」 제250조제1항의 죄를 범한 사람은 사형, 무기 또는 10년 이상의 징역에 처한다. 고소·고발 등 수사단서의 제공, 진술, 증언 또는 자료제출을 하지 못하게 하거나 고소·고발을 취소하게 하거나 거짓으로 진술·증언·자료 제출을 하게 할 목적인 경우에도 또한 같다.

④ 자기 또는 타인의 형사사건의 수사 또는 재판과 관련하여 필요한 사실을 알고 있는 사람 또는 그 친족에게 정당한 사유 없이 면담을 강요하거나 위력(威力)을 행사한 사람은 3년 이하의 징역 또는 300만 원 이하의 벌금에 처한다.

가해자들은 피해자가
아무것도 하지 않길 바랍니다

학교폭력을 예방하는 가장 좋은 방법은 폭력을 쉬쉬하지 않는 학생들 내부의 분위기입니다. 누군가 학교폭력을 행사하려고 할 때

이에 가담하지 않는 학생들, 이를 지적하고 비판할 수 있는 분위기가 형성되어 있다면 가해학생은 섣불리 학교폭력을 가하지 못합니다. 가해자가 가장 좋아하는 것은 '침묵'입니다. 학교폭력으로 신고하지 않고 묻어두고 가는 것은 가해학생들이 가장 원하는 일이기도 합니다. 신고조차 못 하도록 두려움과 무력감을 주었다는 사실에 가해학생들은 우월감에 도취됩니다. 그리고 그들은 앞으로도 가해행위를 멈추지 않을 것입니다. 피해 사실에 대해 목소리를 내는 것, 피해 사실을 알리는 것, 그리고 이 과정에서 어른들이 적극적으로 나서서 돕는 것이 학교폭력을 해결할 수 있는 길입니다.

피해학생 부모님이
절대 해서는 안 되는 일

　　피해학생 부모님들이 자녀의 학교폭력 소식을 듣고 가해학생을 직접 찾아가거나 접촉하는 경우가 있습니다. 가해학생이 다니는 학원을 찾아간다든지 학교 앞이나 교실로 만나러 가거나, 가해학생에게 전화하는 방법으로 접촉을 합니다. 이렇게 가해학생을 접촉하는 이유에 대해 어떤 부모님은 우리 아이를 괴롭히지 말라는 의미로 가해자 아이를 훈계하고 따끔하게 경고하기 위해 찾아갔다고 하십니다. 또 다른 부모님은 증거를 확보하려는 차원에서 자백을 받아내기 위해 가해학생을 만났다고 합니다.

"너 한 번만 더 그러면 아줌마가 너 혼낼 거야"

　　초등학생인 재현이의 어머니는 학교 담임선생님으로부터 연락을 받았습니다. 재현이가 현우에게 맞았으니 학교에 와주시라는 것이었습니다. 어머니는 놀란 마음에 한달음에 학교로 갔고 우연히 교문 앞에서 집에 가는 가해학생 현우를 마주치게 됐습니다. 어머니는 현우를 만난 김에 말을 건넸습니다. "네가 우리 재현이 때렸니? 너 한 번만 더 그러면 아줌마가 너 혼낼 거야." 그렇게 담임선생님을 만나고 온 다음 날, 학교 교장선생님으로부터 면담을 하자는 연락을 받았습니다. 재현이의 피해 건으로 면담을 하나보다, 생각하신 어머니는 교장실에서 당황스러울 수밖에 없었습니다. 교장선생님은 어제 교문 앞에서 현우를 혼냈냐며, 현우 부모님께서 '아직 학교폭력 신고도 안 된 건으로 우리 아이를 가해자 취급하였다. 아이들이 지나다니는 데에서 혼을 냈고, 무서운 표정으로 협박을 했다. 현우가 재현이 엄마 때문에 심리적으로 너무 불안해한다'며 어머니를 학교폭력으로 신고 내지 형사고소까지 하겠다고 했다는 것이었습니다. 그러면서 서로 문제 삼지 말고 좋게 마무리를 짓는 게 어떠냐는 식으로 분위기는 흘러갔습니다.

결국 가해학생인 현우가 피해학생인 것처럼 진행됐고, 재현이 어머니는 학교와 상대방 부모님의 의견에 따라 양측이 서로 문제 삼지 않는 것으로 사건을 종결지었습니다. 재현이 어머니는 재현이가 입은 피해가 자신의 행동 때문에 한순간에 묻힌 것 같아 미안함과 후회를 감출 수 없었습니다.

위 사례와 같이 자칫 섣부른 행동은 가해자가 피해자라고 주장할 빌미를 제공할 수 있습니다. 실제로 가해학생을 직접 접촉했던 부모님들의 행동 중에는 가해학생 측에서 문제 제기를 안 했을 뿐 문제될 만한 행동들을 많이 발견할 수 있었습니다. 자녀가 학교폭력의 피해를 입은 상황에 격분하여 감정을 주체하지 못하고 가해학생을 대하기 때문입니다. 그러다 보면 본의 아니게 상대 학생에게 실수를 저지를 수 있습니다. 나는 단순히 훈계하는 차원이라 생각하지만, 법적으로 문제가 되면 처벌까지 받는 최악의 결과까지 초래할 수 있으니 주의해야 합니다.

피해 학부모의 행동으로
형사고소까지 비화된 사례

용호 어머니는 용호가 반 학생들의 지속적인 괴롭힘과 따돌림으로 등교까지 거부하는 상황에 처하자 가해학생들을 학교폭력으로 신고했습니다. 그러나 학폭위 결과는 따돌림에 대한 증거가 불충분하다는 이유로 '조치 없음'이 내려졌습니다. 증거 불충분으로 조치 없음이 내려졌으니 용호 어머니는 증거를 얻고자 했습니다. 그렇게 해서 생각해낸 방법이 가해학생들을 찾아가 따돌림을 인정하는 말을 녹음하는 것이었습니다. 용호 어머니는 가해학생들을 차례로 만나 대화 내용을 녹음하였고, 그중 한 학생은 자신이 용호를 괴롭혔다는 진술도 하였습니다. 용호 어머니는 이 대화 내용을 학폭위에 증거로 제출하였습니다. 가해학생 부모님은 학폭위 때 용호 어머니가 자신의 아이를 찾아와 녹음을 하였다는 사실을 알게 되었고, 이를 아동학대로 고소하기에 이르렀습니다. 자신의 아이를 가해학생으로 몰아가면서 추궁했고 위협적인 말투로 자신의 아이가 정서적 학대를 당했다는 것이었습니다. 용호 어머니는 졸지에 경찰서까지 불려가는 상황이 되었습니다.

또 다른 피해자를 만드는 비극

어느 지방 도시에서의 일입니다. 중학생인 딸이 남자친구에게 보낸 나체사진이 학교 학생들에게 유포되었고, 그 사진을 공유한 친구들로부터 따돌림을 당하게 되었습니다.

격분한 피해학생의 부모님은 잘못된 선택을 하였습니다. 바로 평소 알고 지내던 폭력조직의 조직원 A에게 보복을 도와달라고 하였던 것입니다.

조직원 A는 덩치가 크고 문신이 있는 후배 조직원들 5명을 불러 모았고 아버지를 포함해 총 7명이 학교로 향했습니다. 아버지와 A는 교장실에 가서 가해학생들을 불러달라고 하였고, 나머지 조직원 5명은 학교 중앙현관에서 문신을 드러낸 채 2열로 늘어서며 위세를 과시하였습니다. 아버지와 A는 수업 중인 교실에 들어가 위력을 과시하며 겁에 질린 학생들을 불러 모아 교무실로 내려오게 하였고, 가만두지 않겠다고 협박까지 하였습니다.

결국 아버지를 포함한 조직원 6명은 학생들을 협박한 죄, 선생님의 수업에 대한 공무집행방해죄가 인정되어 아버지는 징역 1년, 조직원은 징역 8개월의 실형에 처해졌습니다. 아버지의 잘못된 선택이 스스로를 교도소 생활을 하게 함은 물론 또 다른 피해자를 만드는 비극을 초래하였음을 보여주는 대표적인 사례라 하겠습니다.

명예훼손, 모욕죄로 고소당한 부모님

남편의 내연녀 직장에 '상간녀 축생일'이라고 적은 케이크를 보낸 부인이 있습니다. 그런데 법원은 그 부인에게 모욕이라는 불법행위를 저질렀다며 위자료를 지급하라 판결했습니다. 참 이상한 판결 같습니다. 상간녀에게 상간녀라고 한 것이 무슨 잘못일까 의문이 듭니다. 오히려 내연녀에게 위자료를 주라니 일반적인 우리의 생각으로는 받아들이기 어려운 판결이지요. 그러나 공연히 특정인을 모욕하였다면 그게 상간녀라 할지라도 모욕죄가 된다는 것이 모욕죄, 명예훼손의 규정입니다.

학교폭력도 마찬가지입니다. 피해학생 부모님 중에는 아이의 피해사실을 알리고 가해학생에 대한 경종을 울리겠다며 가해학생의 가해사실, 또는 가해학생에 대한 이야기를 주변 학부모님들에게 이야기해서 명예훼손, 모욕죄로 고소당하는 사례가 종종 발생합니다. 아무리 가해학생 측에 대한 비방의 목적이 없었다고 하더라도 피해학생 부모님이라면 감정이 섞여서 모욕이 될 수 있는 말이 나올 수 있습니다. 특히 요즘에는 반마다 학부모님들끼리 단체 채팅방에서 활발한 소통이 이뤄지는데 채팅방에서 가해학생 측에 대한 감정적인 발언을 했다가 발언 내용이 그대로 캡처되어 모욕, 명예훼손으로 형사고소 및 처벌까지 받을 수 있으니 주의해야 합니다.

또 굳이 모욕, 명예훼손으로 처벌될 걸 우려하지 않더라도 다른 학부모님들에게 이야기를 많이 했을 때 좋은 결과를 가져오기보다 오히려 사건이 비화되고 꼬이는 경우가 많습니다. 다른 학부모님들에게 피해학생의 피해 사실이나 학교폭력 사실이 알려지면 내 아이의 편이 많이 생길 것 같지만 꼭 그렇진 않습니다. 학부모님들 중에는 가해학생 부모님과 친한 부모님이 있기 마련이고 자칫 말이 왜곡돼서 전달되거나, 상대방이 공격할 만한 빌미를 제공할 수 있습니다. 또 학부모님들 사이에서 소문이 퍼지면 일에 연루될까 봐 미리 자녀들에게 목격 진술을 하지 말라고 입단속을 시키거나, 부모님들 사이에서 편이 나뉘는 등의 상황이 발생하기도 합니다.

학교폭력 대처는 반드시 법적 제도와 절차에 따라 진행해야 합니다

예전에야 동네 할아버지가 아이들을 훈계하는 것이 미덕인 세상이었지만 지금은 어린이집, 유치원 선생님들도 아이들을 함부로 혼낼 수 없습니다. 유치원에서는 아이가 잘못된 행동을 하면 혼내거나 지적하는 것이 아니라 일차적으로 해당 학부모님께 연락을 드리는 것이 원칙입니다. 친구들 앞에서 아이를 혼내 기를 죽였다고 항의를 받을 수도 있고, 법적 문제로 비화될 수 있는 상황을 애초에 방지하는 것이죠. 하물며 상대방 학부모에게 자신의 아이가 혼나거나 심지어 손찌검을 당했다면 가만히 있지 않을 겁니다.

따라서 내 아이가 학교폭력 피해를 입었고, 가해학생에 대해 지도와 훈계가 필요하다면 학교폭력 신고를 통해 해결해야 합니다. 증거가 필요하다면 학교 측에 사안조사를 요청하고, 그래도 충분하지 않은 경우 형사고소 등 수사기관의 조사가 이루어지도록 해야 합니다. 법과 제도가 있는 이유는 이 때문입니다. 부모님이 법과 제도를 지켜주셔야 내 아이도 법과 제도 내에서 학교폭력 피해로부터 보호받을 수 있습니다.

피해회복을 위한 절차와
학교폭력 피해보상의 종류와 과정

　어른들의 싸움, 하다못해 작은 접촉사고가 일어나도 당연히 합의금을 주고받아야 한다고 생각하면서도 학교폭력 사태에서 피해자 측에서 합의금 이야기가 나오는 순간부터 '애를 빌미로 돈 장사하냐'는 말이 나옵니다. 학교폭력을 '애들 싸움'으로 치부하는 오래된 인식이 남아 있기 때문입니다.

　이는 피해학생 측도 마찬가지입니다. 아이들 문제에 합의금 등 경제적인 부분을 언급했다 혹시라도 주변에서 '돈을 바라고 피해를 호소하는 것 아니냐' 오해할까 봐 청구 자체를 포기하곤 합니다.

　학교폭력으로 병원에서 치료를 받거나, 장기간 정신과 등 심리치료를 받아야 할 때, 정신적, 육체적 손해는 물론 경제적 손해까지 고스란히 피해학생 측이 부담해야 한다면 피해학생과 부모님은 이중고에 시달리는 것과 다름없습니다.

　이를 방지하기 위해 법과 제도상으로는 피해학생 측이 피해보상을 원활히 받을 수 있는 방법을 마련해놓고 있습니다.

학교안전공제회 또는 시도교육청을 통한 피해보상

학교폭력예방법 제16조 제6항에 의하면 피해학생 보호조치로서 전문가에 의한 심리상담 및 조언, 일시 보호, 치료 및 치료를 위한 요양을 받는 데에 사용되는 비용은 가해학생의 보호자가 부담하도록 규정하고 있습니다. 이 경우 피해학생 부모님이 직접, 또는 학교를 통해 학교안전공제회 또는 시도교육청에 신청하면 학교안전공제회와 시도교육청이 피해학생 측에 선지급하고, 지급한 비용에 대해 가해학생 측에 구상권을 청구하게 됩니다.(학교폭력예방법 제16조 제7항)

학교안전공제회 또는 시도교육청을 통한 피해보상 방법은 학교장을 통해서 하거나 피해학생 측에서 간단한 청구서와 증빙자료, 그리고 우편접수 등을 통해 신청하면 되기 때문에 직접 가해학생 측을 접촉하여 청구하지 않아도 되는 점, 비교적 신속하게 이루어진다는 점에서 편리한 제도입니다. 공제회에서 지급하는 인정기간 범위도 비교적 긴데, 교육감이 정한 기관에서 일시 보호를 받는 데 드는 비용은 30일, 교육감이 정한 기관에서 심리상담 및 조언을 받는 데 드는 비용은 2년, 치료 및 치료를 위한 요양을 받거나 약품을 공급받는 데 드는 비용은 2년까지 인정이 되고, 2년을 초과하여 심리상담 및 치료가 필요하다면 보상심사위원회의 심의를 거쳐 1년까지도 연장이 가능합니다.

> **학교안전사고 예방 및 보상에 관한 법률 제41조**
> 위 법률에 의하면 공제회는 공제급여를 청구받은 날로 14일 이내에 지급 여부를 결정해야 하며, 급여를 지급하기로 결정한 경우에는 지체 없이 급여를 지급하도록 규정한다.

다만 학교안전공제회 또는 시도교육청을 통한 피해보상에는 몇 가지 제한이 있습니다. 피해학생 부모님이 자녀를 심리상담, 치료한 경우에는 학교폭력예방법 제16조 '피해학생에 대한 보호조치'로 인정된 경우라야 보상이 가능하다는 점에 유의해야 합니다. 특히 일시보호, 심리상담 및 조언의 경우에는 교육감이 정한 기관이어야 하므로(학교폭력예방법 시행령 제18조) 피해학생 부모님이 임의로 선택한 심리상담 센터라면 보상에 제한이 발생할 수 있습니다. 따라서 학교안전공제회를 염두 한다면 사전에 학교와 조율해서 교육감이 인정하는 기관에서 심리상담을 받고 학폭위에서 보호조치 결정을 받거나, 학폭위에서 보호조치를 받은 후 이에 따라 심리상담을 받는 것이 좋습니다.

아울러 학교안전공제회 또는 시도교육청을 통한 피해보상은 교육감이 정한 심리상담기관에서 상담하는 데 드는 비용, 교육감이 정한 기관에서 일시 보호를 받는 데 드는 비용, 그리고 의료기관에서의 치료비 이외에 피해학생의 위자료, 부모님의 위자료에 대해서는 지급하지 않고 있다는 점에서는 그 인정범위가 제한적입니다.

민사소송을 통한 손해배상청구

학교안전공제회 또는 시도교육청을 통한 피해보상은 인정범위의 제한 등 고려해야 할 사항이 있기 때문에 민사소송을 통한 손해배상청구를 선택하기도 합니다. 민사소송을 통한 손해배상청구는 상담기관이나 일시 보호기관, 치료비 등에 대해 아무런 제약이 없습니다. 피해학생 부모님이 임의로 선택한 심리상담 센터에서 발생한 비용도 가해학생 측에 청구할 수 있습니다. 인정기간도 제한이 없고, 피해학생의 위자료는 물론 부모님의 위자료에 대해서까지 청구할 수 있다는 점에서 그 인정범위가 학교안전공제회보다 폭넓다는 장점이 있습니다.

반면, 민사소송을 통한 손해배상청구에서도 고려해야 할 점은 있습니다. 소송이다 보니 부모님이 혼자서 진행하시기에는 사실상 어려움이 있다는 점, 기간이 최소 4개월에서 상대방이 항소까지 하는 경우 최대 2~3년까지도 걸릴 수 있다는 점입니다. 또 법원이 인정하는 위자료가 부모님이 기대하시는 것에 비하면 소액일 수도 있습니다.

이러한 점을 감수하고서라도 부모님들이 민사소송을 선택하는 이유가 있습니다. 사실 처음부터 민사소송을 생각하신 부모님은 거의 없습니다. 원만하게 사태를 해결하고 싶지 않은 부모님은 없을 겁니다. 손해배상청구를 진행하신 어느 어머니는 이렇게 말씀하셨습니다.

"그들의 행동이 잘못되었다는 걸 알려주고 싶었어요."

가해학생 측의 반성하지 않는 모습, 피해회복을 위해 아무런 노력도 하지 않는 모습에 실망하고 상대방에게 잘못한 점을 알려주어 그에 따른 책임을 묻겠다는 결심이 민사소송까지 이어지게 합니다. 학교폭력 손해배상청구 소송 재판에서 판사님이 출석한 가해학생 부모님께 '피해학생 부모님이 왜 이 법정까지 오게 되셨을지 그 마음을 헤아려보라'라고 말씀하신 적이 있습니다. 아마도 판사님은 이런 피해학생 부모님의 심정을 잘 이해하신 듯합니다.

가해학생 측의 민낯을 보여주는 손해배상청구 소송

학교폭력 전문 변호사로 여러 사건을 진행해왔지만 가해학생 측의 태도를 가장 잘 알 수 있는 절차는 바로 손해배상청구 소송입니다. 학폭위나 형사고소로 사건이 진행될 당시에는 가해학생 측에서 반성하고 사죄하는 모습을 보입니다. 또 피해회복을 위해 노력하겠다고 합니다. 그러나 학폭위나 형사절차가 끝나고 민사소송이 들어오면 가해학생 측의 태도가 확 달라집니다. 일단 돈이 걸린 문제이고 이미 징계를 받은 이상 눈치 볼 것이 없다는 입장입니다. 돈 때문에 학폭위까지 갔던 것 아니냐며 피해학생 부모님의 의도를 왜곡하고, 장난이었다며 치부하기도 하며, 심지어는 피해학생이 원인 제공을 하였다고 피해학생을 깎아내리기도 합니다. 사건을 바라보는 가해학생 측의 민낯을 보여주는 순간은 이때부터라고 해도 과언이 아닙니다.

민성이 사건도 그랬습니다. 가해학생이 얼굴을 때렸는데 넘어지면서 민성이의 얼굴은 심하게 다쳤고, 민성이는 일상생활에도 지장을 입을 정도로 큰 후유증을 갖게 되었습니다. 민성이는 수술한 부위가 다시 다칠까 봐 운동장에서 친구들과 마음껏 뛰놀지 못했고, 사건 이후로 상당히 위축됐습니다. 또 그날의 충격으로 불안해하고, 밤에 자다가 소변까지 보는 등 전에 없던 증세까지 보여 장기간 심리치료까지 병행해야 했습니다. 그런 민성이를 보며 부모님도 늘 노심초사할 수밖에 없는 상황이었습니다.

학폭위가 열리기 전까지만 하더라도 가해학생 측 부모님은 사과도

하고 피해회복을 위해 치료비도 부담하겠다고 하였습니다. 그러나 학폭위가 끝나자 가해학생 측은 태도가 돌변했고 피해보상에 대해서도 나 몰라라 하였습니다. 이에 민성이 부모님은 가해학생과 그 부모님을 상대로 손해배상청구를 하였고, 법원에서는 치료비와 민성이 위자료, 부모님 위자료까지 총 3,000여 만 원을 가해학생 측이 배상하라고 판결했습니다.

그러나 가해학생 측 부모님은 원심 재판에서 인정한 손해배상 금액이 과하다며 항소까지 하였습니다. 자신들은 피해회복을 위해 노력하였다는 이유였습니다. 정말 피해학생을 걱정하고 회복을 위해 노력할 마음이라면 빨리 손해배상액을 변제하는 것이 맞지 않았을까요.

항소심에서도 가해학생 측은 여전히 장난이었다고 주장했습니다. 심지어 학교 선생님이 감독을 게을리했다며 선생님에게 물어야 할 책임을 왜 자신들에게 청구하냐고 선생님에게 책임을 떠넘기는 모습까지 보였습니다. 그러나 이러한 주장은 받아들여지지 않았고, 항소심 법원에서도 원심법원에서 인정했던 손해배상 금액을 그대로 유지하였습니다. 결국 가해학생 측은 항소심 기간 동안 연 15%의 이자는 물론 소송비용까지 모두 부담하는 처지가 되었습니다.

가해학생 측에서 피해회복을 해주지 않는다고 피해학생 측에서 가만히 있을 것은 아닙니다. 계속해서 말씀드리지만 가만히 있는 것은 가해자가 가장 원하는 것이기도 합니다. 법은 권리 위에 잠자는 자를 보호하지 않는다는 법언이 있습니다. 마음의 상처를 물질적으로 해결할 수 없다는 건 잘 압니다. 몇 천, 몇 억을 받는다 한들 아이의 상처가 완전히 회복될 수는 없을 것입니다. 하지만 치료비 등 경제적 손실까지 피해학생 측에서 부담해야 한다면 손해의 공평 부담의 원칙에 비추어도 분명 잘못된 것임은 틀림없습니다. 피해회복에 대한 바람이 있다면 이처럼 피해학생 측에 주어진 제도와 권리를 활용하시길 바랍니다.

CHAPTER 3

자녀가
학교폭력의
가해학생인
부모님께

피해학생 부모님을
어떻게 대해야 할까

　　학교폭력이 발생하고 신고되기 전, 혹은 신고 이후에 학교폭력 가해학생으로 신고된 자녀의 부모님들 대부분은 어떻게 해서든 피해학생 측에 사과하고 화해를 통해 사건이 잘 해결되길 바랍니다.

　　피해학생 측이나 가해학생 측 부모님께 가장 많이 듣는 말 중의 하나가 있습니다. 바로 '진정성 있는 사과'입니다. 피해학생 측에서는 상대방의 진정성 없는 사과에 화가 난다고 하고, 가해학생 측에서는 피해학생 측에 아무리 사과를 해도 진정성이 없다며 사과를 받아들이지 않는 모습에 괴로워합니다. 양측 모두를 괴롭게 하는 '진정성 있는 사과'란 도대체 뭘까요?

　　무턱대고 미안하다고 하면 무엇을 미안해 해야 하는지도 모른 채 사과하는 것밖에 되지 않아 상대방 측에서는 진정성을 느낄 수 없을 겁니다. 학교폭력 사안이 발생하여 연락을 받으면 첫째로 자녀에게 상황 설명을 구체적으로 듣는 것이 가장 중요합니다. 아이가 잘못한 부분이 있다면 분명하게 어떤 점을 잘못했고 따라서 사죄의 말씀을 드린다고 전달하는 것이 좋습니다.

변명하는 것도 좋지 않습니다. 예를 들어 '아이들끼리 친 장난'이라고 표현을 하시는 부모님들이 있는데, 상담을 해보면 피해학생 측 부모님들이 가장 불쾌해하는 것 중의 하나가 상대방 부모님께서 학교폭력을 '장난'으로 치부하는 것이라 합니다. 결국 '장난'이라는 말 한마디로 화해가 무산되는 경우가 있으니 잘못한 부분에 대해서는 변명의 여지없이 잘못했다고 전달하시길 권유드립니다.

사과하기로 마음먹었다면 상대방 부모님과 잘잘못을 따지는 것도 바람직하지 않습니다. '물론 저희 아이가 잘못했는데요. 사실은 평소에 피해학생이 이렇게 괴롭혀서 그렇게 한 거래요'라고 피해학생의 잘못을 이야기한들, 상대방 측 부모님 귀에는 들어오지 않습니다. 오히려 변명과 책임 전가로 비쳐져 화해의 기회를 놓칠 수 있습니다. 잘잘못을 따지고 원인관계를 규명하는 것은 학교와 학폭위를 상대로 해야 할 일입니다.

다 내 마음 같지는 않습니다, 올바른 화해 시도 방법

부모님들은 화해하려고 아이의 주변 친구들로부터 피해학생 집을 알아내 무작정 찾아간다거나, 학부모님들에게 수소문해서 피해학생 어머니의 연락처를 알아내어 연락을 시도합니다. 이럴 경우 화해의 마음이 있는 부모님이라면 별다른 불쾌감을 드러내지 않지만, 화해할 마음이 없거나, 혹은 경황이 없어 혼란스러운 부모님들은 어떻게 자기

집과 연락처를 알아냈느냐며 반감을 표시합니다.

학부모님의 연락처를 사전에 아는 경우

연락처를 사전에 아는 경우라면 사건 발생 당일 혹은 되도록 이른 시일 내에 사과 말씀을 전달하고, 상대방 아이가 어떤 상황인지, 얼마나 다쳤는지 등을 물으면서 연락을 취하시는 것이 좋습니다. 방문하거나 면담을 통해 사과의 말을 전달하고 싶다면 정중하게 방문을 해도 좋을지 사전에 허락을 구하도록 합니다. 만일 상대방 부모님이 '지금은 연락할 시기가 아닌 것 같다', '연락하기 곤란하다', '나중에 이야기하자'라는 반응을 보인다면 그 뒤로는 문자를 남기시면서 연락을 취하도록 합니다.

학부모님의 연락처를 사전에 모르는 경우

학부모님의 연락처를 사전에 모르는 경우 주변 학부모님들을 통해 연락처를 수소문하면 피해학생 측 부모님은 더 불쾌해할 수 있습니다. 따라서 학교폭력 담당 선생님께 사과의 말씀을 드리고 싶은데 상대방 부모님의 연락처를 알려주실 수 있는지, 면담 자리를 만들어 주실 수 있는지 상대방 부모님께 여쭤봐달라고 의견을 전달하시는 단계를 거치시기 바랍니다.

상대방 부모님께서 거부하시면 사과 편지 등을 작성해서 학교폭력 담당 선생님께 전달을 부탁드리는 것도 한 방법입니다. 그 사과 편지마저도 수령을 거부하실 수 있지만 어쨌거나 우리 측에서는 화해를 위해 이렇게 시도했다는 점은 반영될 수 있습니다.

진정성 있는 사과란 어쩌면 어려운 일이 아닐지 모릅니다. 실제로 학부모님들의 진심 어린 사과가 피해학생 측 부모님의 마음의 문을 열어 화해가 이루어지고, 학교장 자체해결로 마무리되는 사례들을 종종 접합니다. 다만 당부드리고 싶은 것이 있습니다. 내가 아무리 진정성을 갖고 사과를 하여도 상대방이 받아들이지 않으면 너무 매달릴 필요는 없습니다. 감정을 풀도록 강요할 수는 없는 일입니다. 충분히 사과 의사를 전달하였다면 그것으로 충분합니다.

학교폭력 징계의
종류와 수위

　　자녀가 가해학생이든 피해학생이든 학폭위 결과 통지서를 받은 부모님이라면 혼란스러운 것은 마찬가지입니다. 한 페이지에 가해학생에 대한 징계조치만 적혀 있을 뿐 해당 징계가 무엇을 의미하고, 어떻게 이행을 해야 하는지에 대해서는 아무런 설명이 되어 있지 않습니다. 가해학생 부모님은 징계조치를 어떻게 이행해야 하는지 과도한 징계는 아닌지 궁금해하시는 반면, 피해학생 부모님은 전학 처분이 아니면 무슨 실효성이 있는 것이냐며, 해당 징계조치가 내려졌다고 해서 어떤 효과가 있는지를 궁금해하십니다. 사실 학교폭력예방법에서도 각 조치별로 세부내용에 관해서는 설명되어 있지 않기 때문에 때로는 선생님들조차 부모님들의 질문에 제대로 된 대답을 하지 못하실 때가 많습니다.

가해학생 징계처분의 결정

　　학교폭력 징계는 학교폭력예방법 제17조에서 규정하고 있습니다. 가해학생에 대한 조치 결정을 함에 있어 학폭위가 자의적, 주관적으로 판단하여 징계를 남발하는 것을 방지하고, 정량적인 평가를 통해 가해학생에게 객관적이고 적절한 처분이 내려질 수 있도록 학교폭력 가해학생 조치별 적용 세부기준 고시(교육부 고시 제2020-227호)도 별도로 마련하고 있습니다. 학폭위는 1차 평가로 가해학생이 행사한 학교폭력의 심각성, 지속성, 고의성과 가해학생의 반성정도, 해당 조치로 인한 가해학생의 선도 가능성, 가해학생 및 보호자와 피해학생 및 보호자 간의 화해의 정도, 피해학생이 장애학생인지의 여부 등을 고려하여 각호 학교폭력 징계조치 처분 중 어느 것을 내릴지 결정합니다.(교육부 고시 제2조 제1항) 2차 평가로 피해학생을 보호하고, 가해학생이 폭력에 대한 인식을 개선하며 행동을 반성하게 하기 위해 2호, 5호 조치를 부과할지를 결정합니다.(교육부 고시 제2조 제2항, 제3항) 3차 평가로 1차, 2차에서 평가한 것을 토대로 가해학생의 선도, 교육 및 피해학생 보호를 위해 가장 적절한 조치는 무엇인지, 가중할지, 감경할지, 또는 각 호의 조치 중 수개를 병과할지 등을 최종적으로 결정합니다.

1호 서면사과

　　1호 서면사과는 가해학생이 자신의 잘못을 인정하는 편지글 형태로 작성하여 피해학생에게 전달하는 과정을 통해 진심 어린 사과의 마음을 전달하고, 화해를 유도하는 조치입니다. 어떤 학교는 사과문의 양식을 주고 그에 맞춰 작성하도록 하기도 하지만 보통은 서면사과, 사과문, 반성문 등 제목과 양식에 관계없이 학생의 진솔한 마음을 담아 작성하면 됩니다. 이미 사안조사, 학폭위 절차가 종결된 상황이므로 학교폭력의 원인, 과정 등 사실관계를 기재하기보다는 피해학생을 향한 사과의 마음이 담기도록 부모님께서 지도해주시면 더욱 좋습니다. 어떤 피해학생 부모님들은 서면사과문을 학생들 앞에서 공개적으로 낭독할 것을 요구하는 경우도 있으나, 그렇게 되면 서면사과가 아닌 공개사과가 되고, 이는 학교폭력예방법에서 규정한 범위를 넘어선 것이어서 공개사과를 강제할 방법이나 요구할 권한이 없습니다.

교육부 고시 학교폭력 가해학생 조치별 적용 세부 기준								자료: 교육청
			기본 판단 요소				부가적 판단 요소	
			학교폭력의 심각성	학교폭력의 지속성	학교폭력의 고의성	가해학생의 반성 정도	화해 정도	해당 조치로 인한 가해학생의 선도가능성	피해학생이 장애학생인지 여부
판정 점수	4점		매우 높음	매우 높음	매우 높음	없음	없음	해당점수에 따른 조치에도 불구하고 가해학생의 선도가능성 및 피해학생의 보호를 고려하여 시행령제14조제5항에 따라 학교폭력대책심의위원회 출석위원 과반수의 찬성으로 가해학생에 대한 조치를 가중 또는 경감할 수 있음	피해학생이 장애학생인 경우 가해학생에 대한 조치를 가중할 수 있음
	3점		높음	높음	높음	낮음	낮음		
	2점		보통	보통	보통	보통	보통		
	1점		낮음	낮음	낮음	높음	높음		
	0점		없음	없음	없음	매우 높음	매우 높음		
가해학생에 대한 조치	교내 선도	1호	피해학생에 대한 서면사과	1~3점					
		2호	피해학생 및 신고·고발 학생에 대한 접촉, 협박 및 보복행위의 금지	피해학생 및 신고·고발학생의 보호에 필요하다고 자치위원회가 의결할 경우					
		3호	학교에서의 봉사	4~6점					

가해학생에 대한 조치			호		점수		
가해학생에 대한 조치	외부 기관 연계 선도		4호	사회봉사	7~9점	해당점수에 따른 조치에도 불구하고 가해학생의 선도가능성 및 피해학생의 보호를 고려하여 시행령제14조제5항에 따라 학교폭력대책심의위원회 출석위원 과반수의 찬성으로 가해학생에 대한 조치를 가중 또는 경감할 수 있음	피해학생이 장애학생인 경우 가해학생에 대한 조치를 가중할 수 있음
			5호	학내외 전문가에 의한 특별 교육이수 또는 심리치료	7~9점		
	교육환경 변화	교내	6호	출석정지	10~12점		
			7호	학급교체	13~15점		
		교외	8호	전학	16~20점		
			9호	퇴학처분	16~20점		

2호 관련학생 등에 대한 접촉, 협박 및 보복행위 금지

2호 조치는 가해학생의 추가적인 폭력, 보복을 방지하기 위해 피해학생이나 신고, 고발학생에 대한 가해학생의 접촉, 협박, 보복행위를 금지하는 조치입니다. 부모님들은 2호라는 말에 서면사과 다음으로 낮은 조치 아니냐며 가볍게 여기시지만 2호 조치는 굉장히 큰 의미가 있습니다.

2호 조치는 정량화한 점수와 무관하게 피해학생, 신고, 고발학생을 보호해야 할 필요성이 있다고 판단되는 경우 내려지며, 또다시 재발하였을 경우 2호 조치 이행을 어긴 것으로 간주하여 다음 학폭위 때 더 중한 징계가 내려지기 때문입니다. 실제로 가해학생들과 부모님을 만나보면 2호 조치를 받았을 때 피해학생에 대한 접촉을 조심하게 되고, 혹시라도 조치를 위반하는 것으로 잘못 비칠까 봐 신경을 많이 쓴다고 이야기합니다. 2호 조치를 내릴 때 학폭위에서 금지기간까지 함께 결정해주는 것이 좋지만 현실적으로 학폭위에서 기간결정을 간과한 채 2호 조치만을 내리는 경우가 많습니다. 이 경우 교육부에서는 '해당 학교 졸업 시점'까지라고 해석하고 있으니 참고하시면 좋겠습니다.

2호 조치를 받은 가해학생 부모님이라면 의문이 들 것입니다. '접촉'이라는 뜻이 학교생활을 하다보면 의도치 않게 접촉하거나, 함께 활동하게 되기 마련인데 그런 것도 다 금지된다는 의미인가 하고 말입니다.

여기서 말하는 '접촉'이란 조치를 받은 학생이 의도성을 가지고 피해학생에게 접촉하는 것을 금지하는 것입니다. 따라서 학교생활에서 있을 의도하지 않은 접촉까지 전부 금지하는 것은 아닙니다. 피해학생 부모님이라면 '가해학생이 의도가 없었다고 가장해서 교묘하게 접촉하면 방법이 없지 않느냐' 하고 의구심이 들 수 있습니다. 그러나 교육부 지침에서도 이를 고려해 무의도성을 이유로 빈번하게 접촉할 경우, 해당 조치를 거부하거나 기피하는 것으로 보아 학교장이 추가로 가해학생에게 다른 조치를 추가로 할 수 있도록 명시하고 있으니 너무 염려하지 않으셔도 됩니다.

3호 학교에서의 봉사

3호 학교에서의 봉사는 봉사를 통해 가해학생이 스스로 반성하는 기회를 주고자 내리는 조치입니다. 학교 내의 화단정리, 교구정리, 화장실 청소, 장애학생 도우미 지도 등 다양한 종류의 봉사가 이뤄집니다. 학교에서의 봉사는 다른 학생들과 학교생활을 하는 도중 이루어지기 때문에 '학교폭력을 행사하였을 경우 징계처분이 따른다'는 것을 다른 학생들에게 보여준다는 점에서도 의미가 있습니다.

4호 사회봉사

4호 사회봉사는 학교 밖에서 사회구성원으로서의 책임감을 느끼고, 봉사를 통해 반성하는 시간을 마련하기 위한 조치입니다. 환경미화, 거리 질서 유지, 도서관 업무보조, 우편물 분류, 사회복지관, 장애인 시설 등에서의 봉사 등이 예라 하겠습니다. 사회봉사는 가해학생의 학습권을 침해하지 않는 범위 내에서 이행하는데, 서울시교육청 지침을 예로 들면 하루 중 수업 참여 시간이 6교시이면 2시간, 4교시면 4시간, 공휴일이면 8시간 이내로 이행하도록 하고 있습니다.(서울특별시교육청, 평화로운 학교를 위한 사안처리 Q&A) 주중에 이행해야 할 경우에는 학교장의 판단으로 출석일수에 산입할 수 있도록 규정하고 있습니다.(학교폭력예방법 제17조 제8항) 실제 경험상으로 사회봉사가 학교 밖에서 이루어진다는 점에서 분위기 전환의 효과를 가져오고 주중에 이루어질 시에는 봉사활동 시간 동안 피해학생과 분리된다는 점, 다른 학생들에게 인식된다는 것에 장점이 있습니다.

5호 학교 내외 전문가에 의한 특별교육이수 또는 심리치료

5호 조치는 가해학생이 학교폭력에 대한 인식의 개선이 필요할 때 또는 가해학생이 정서적인 면에서 심리적 치료가 필요하다고 판단되는 경우 내려지는 조치입니다. 특별교육과 심리치료 중 하나를 선택하여 조치가 내려지며, 기간은 학폭위에서 결정합니다. 특별교육은 Wee센터, Wee클래스, 청소년상담복지센터 등 교육감이 지정한 기관에서만 이수가 가능한데, 이러한 기관은 상담에 필요한 시설 및 장비를 갖추고, 전문 상담교사가 상주해 있으며 다양한 교육 프로그램을 운영하고 있습니다. 4호 사회봉사와 마찬가지로 5호 특별교육이수 또는 심리치료를 받느라 결석하게 될 경우 학교장의 판단으로 출석일수에 산입할 수 있습니다.(학교폭력예방법 제17조 제8항) 5호 조치는 가해학생이 외부에서 상담 전문가와 상담을 통해 자신의 행위에 대해 돌아보는 시간을 갖고, 집중적으로 학교폭력 예방 교육을 받아 학교폭력에 대한 인식 개선 등 선도의 기회를 갖는다는 점에서 의미가 있습니다.

6호 출석정지

6호 출석정지는 가해학생을 학교에 출석하지 못하게 격리하고, 수업에 참여하지 못하게 함으로써 피해학생을 보호하고 가해학생에게 반성의 기회를 주기 위한 조치입니다. 가해학생을 격리함으로써 피해학생을 보호한다는 점에 큰 의미를 두고 있으나, 가해학생과 부모님 입장에서는 출석정지 기간 동안 수업권이 박탈되고, 무단 결석처리라는 불이익을 입는다는 점에서 무거운 징계라 하겠습니다. 반대로 생각하면 이처럼 불이익을 줄 만큼 학교폭력 사안이 중하다는 것을 의미하는 것이기도 합니다.

7호 학급교체

　　7호 학급교체는 가해학생과 피해학생의 격리가 불가피한 경우 같은 학교 내의 다른 반으로 옮기는 조치입니다. 다른 학년, 다른 학교 등 이미 분리가 되어 있는 상황에서는 학급교체가 내려지지 않고 같은 반에서 가해학생, 피해학생이 같이 생활하고 있으나 보복행위의 가능성이 높은 경우, 학교폭력의 심각성, 지속성, 고의성이 중한 경우, 피해학생이 가해학생과 같은 공간에서 생활한다면 정서적으로 불안감을 호소할 경우에 이루어집니다. 가해학생 입장에서는 학교폭력 가해학생이라는 꼬리표를 달고 다른 반에 가야 한다는 점, 새로운 학생들과 새 담임선생님 등 환경에 적응해야 한다는 점에서 상당한 압박이 되는 조치입니다. 피해학생과 부모님들이 많이들 요청하는 조치임과 동시에 실질적으로 분리가 되고, 학교폭력을 지켜본 반 학생들에게도 분위기 전환의 효과를 가져온다는 점에서 매우 효과적인 조치이나, 8호 전학 처분

다음으로 무거운 조치이기 때문에 신중하게 내려지고 있습니다.

8호 전학

8호 전학은 가해학생이 피해학생에 대해 더 이상의 폭력을 행사하지 못하도록 하기 위해 가해학생을 다른 학교로 옮기도록 하는 조치입니다. 초, 중학생에게는 가장 중징계인 만큼 피해학생이 가해학생과 같은 공간에서 있는 것이 어려울 정도로 피해를 호소하는 경우, 폭력행위의 심각성, 지속성, 고의성이 중한 경우, 가해학생이 새로운 환경에서 생활하는 것이 선도의 기회를 줄 수 있다고 판단되는 경우에 이루어집니다. 피해학생은 학급은 물론 학교에서 가해학생과의 접촉을 일체 차단할 수 있고, 가해학생으로서는 새로운 학교에서 적응해야 하는 등 대단히 엄중한 조치라 하겠습니다. 가해학생이 전학 간 이후에 전학 전 피해학생 소속 학교로 다시 전학 오는 것은 불가능하고, 전학 후에 상급학교 진학 시 가해학생과 피해학생은 반드시 다른 학교로 배정하되 **피해학생을 우선적으로 배정**하여 격리 효과를 계속해서 유지하도록 하고 있습니다.

> **학교폭력예방 및 대책에 관한 법률시행령**
> 제20조 제4항, 교육감 또는 교육장은 제2항과 제3항에 따라 전학 조치된 가해학생과 피해학생이 상급학교에 진학할 때에는 각각 다른 학교를 배정하여야 한다. 이 경우 피해학생이 입학할 학교를 우선적으로 배정한다.

시도교육감 또는 교육장은 학교구 또는 행정구역과 관계없이 피해학생 보호에 충분한 거리를 두어 전학 조치를 실시하게 됩니다. 실무상으로는 각 시도교육청별로 지역 여건 및 실정에 맞게 가해학생의 전학조치에 관한 기준을 마련하여 운영하고 있습니다.

간혹 학폭위가 예정된 상황에서 가해학생 부모님들이 전학 처분을 피하기 위해 이사를 통한 자발적 전학을 가면 되지 않냐고 물어보시는 경우가 있습니다. 전학뿐만 아니라 다른 징계조치도 마찬가지로 학교에서는 가해학생이 전학 가기 위해 필요한 재학증명서 등 서류의 발급을 보류하고 학폭위를 개최하여 조치를 실시하도록 하며, 반드시 가해학생에 대한 조치와 학교 생활기록부 기재를 완료한 후 서류 발급 등 전학에 필요한 절차를 진행하도록 합니다. 시도교육청, 교육지원청 역시 학교폭력 징계를 피하기 위한 전학 신청을 인지한 경우 모든 학폭위 조치가 완료된 시점까지 서류 검토, 학교 배정 등 전학 절차를 보류하고 있어 전학 내지 징계조치를 피하기 위한 자발적 전학은 불가합니다.

9호 퇴학

9호 퇴학은 학교 제도권 내에서는 피해학생을 보호하고, 가해학생의 선도와 교육을 할 수 없을 정도에 이르렀다고 판단했을 때 내리는 조치입니다. 의무교육과정에 있는 초, 중학생에게는 해당되지 않으며, 고등학생에 한해 인정되는 조치입니다. 퇴학은 학생 신분으로서는 사실상 사형선고나 다름없는 조치라 극히 예외적인 경우에만 내려집니다. 다만 퇴학 처분을 내리더라도 학교와 교육감에게 학생을 위한 일정한 의무를 부과하고 있는데, 학교장은 퇴학 처분 시 가해학생 및 보호자와 진로상담을 하여야 하고, 지역사회와 협력하여 다른 학교 또는 직업교육 훈련기관 등을 알선하는 데 노력하도록 규정하고 있습니다.(초, 중등교육법 시행령 제31조 제7항) 교육감은 퇴학 처분을 받은 학생에 대하여 해당 학생의 선도의 정도, 교육 가능성 등을 종합적으로 고려해서 대안학교로의 입학 등 해당 학생의 건전한 성장에 적합한 대책을 마련할 의무가 있습니다.(학교폭력예방법 시행령 제23조 제1항)

징계조치에 수반되는 '부수적 특별교육이수'와 '보호자 특별교육이수'

2호 접촉, 협박, 보복행위 금지, 3호 교내봉사, 4호 사회봉사, 6호 출석정지, 7호 학급교체, 8호 전학 조치를 하는 경우 학교폭력예방법에 따라 의무적으로 부수적 성격의 특별교육이 가해학생과 그 보호자에게 모두 부과되도록 규정되어 있습니다.(학교폭력예방법 제17조 제3항, 제9항) 부모님 중에는 특별교육이라는 말에 '우리 아이와 내가 특별교육을 받아야 할 정도로 문제가 있어 보이나?' 하고 우려 섞인 목소리로 이야기하는 분들도 있는데, 1호 서면사과 조치만이 내려지지 않은 이상 결과 통지서에서는 '특별교육이수' 징계조치가 함께 기재되어 있는 것이 통상적입니다. 5호 특별교육이수와 구별하기 위해 5호 특별교육이수는 '독립적 특별교육이수', 제3항 특별교육이수는 '부수적 특별교육이수'라 칭하기도 합니다. 둘은 분명한 차이가 있습니다. 독립적 특별교육은 학폭위에서 조치를 내릴지 결정하고, 생활기록부에도 기재가 되는 반면, 부수적 특별교육이수는 학폭위에 권한이 있는 것이 아니라 법상으로 자동으로 부과가 되고 생활기록부에도 기재되지 않는다는 점입니다.

이상으로 각 학교폭력 징계조치에 대해 살펴보았습니다. 가해학생에 대한 징계의 목적은 피해학생의 보호, 가해학생의 선도와 학교폭력 재발 방지에 있습니다. 해당 징계가 무엇을 의미하는 것인지, 그 의미와 내용을 아는 것이 선행되어야 다시는 학교폭력에 휘말리지 않고 선도하는 기회로 삼을 수 있을 것입니다. 또 자녀에게 징계가 과하게 내려진 것이 아닌가 의구심을 갖는 부모님이라면 자녀에게 적절하게 조치가 내려진 것인지 판단하는 기준이 될 수 있습니다.

피해학생 측에서도 가해학생에게 주어지는 징계조치를 이해하고 있는 것은 매우 유의미합니다. 앞서 언급한 것처럼 오로지 전학만을 요구하는 학부모님들이 계시는데, 전학이 나오기 어려운 조치임에도 전학만을 고집하면 그 이외에 어떤 징계조치가 나오더라도 불만족스러울 수밖에 없습니다. 학폭위에서는 왜 해당 처분이 내려졌는지, 그로 인해 피해학생인 자녀는 어떻게 보호받을 수 있는지를 이해한다면 '전학 아니면 안 돼'라는 생각에서 벗어날 수 있을 것입니다.

아이에게 유리한
증거 확보의 중요성

      학교폭력으로 신고가 되었을 때 일단 피해학생의 피해회복과 화해를 우선시하여 별다른 대책을 못 세우는 부모님들이 대부분입니다. 간혹 피해학생 측에서는 피해 정도를 과장하여 학교 측에 알리는 경우가 있습니다. 피해학생 측 신고 내용대로라면 중징계를 피할 수 없을 정도로 말입니다. 나중에 결과 통지서를 보고서야 내용이 왜곡, 과장되었다는 것을 알고 왜 이렇게 되었냐고 한탄을 하십니다. 피해학생 측에서는 열심히 주장한 반면, 가해학생 측에서 아무런 반박을 하지 못하면 사실로 인정되기 때문입니다. '걸면 걸리는 게 학교폭력'이라는 말이 나올 정도로 학교폭력 제도의 남용으로 학교폭력의 가해학생이 아닌데 신고를 당하는 사례, 교사와 갈등을 빚자 교사가 보복성으로 학폭위를 열어 가해학생으로 몰아가는 등 억울하게 신고되는 학생들까지도 생겨나고 있습니다. 이러한 억울한 상황을 막기 위해서 자녀에게 유리한 증거 확보가 필요합니다.

병원 진료 및 상해진단서

두 아이가 몸싸움을 하였는데 상대방 아이가 더 많이 다쳤을 때, 부모님들은 상대방 아이가 다친 것에 놀라고 또 경황이 없어 자녀가 다친 걸 제대로 살피지 못합니다. 크게 다친 것 같지 않아도 집에서 치료하기보다는 사건 당일, 혹은 수일 이내에 꼭 병원을 방문하셔서 진료를 받고 상해를 입었다면 상해진단서까지 발급받아 놓으시길 바랍니다. 진단서와 관련한 자세한 내용은 2장의 '가장 객관적인 증거인 병원 방문 및 상해진단서 발급'을 참조하시기 바랍니다.

메신저 대화 내용 중
유리한 증거가 있을 수 있다

피해학생 측에서 증거로 활용하는 것 중 하나가 카카오톡 대화, 페이스북 메신저, 단체 채팅방 캡처 화면입니다. 하지만 이것들은 역으로 신고된 학생 측에서 가장 많이 활용하는 증거이기도 합니다. 그럼에도 가장 안타까울 때가 분명 유리한 내용이 있음에도 카톡 대화방을 나가버리거나, 탈퇴해서 보관하고 있지 않을 때입니다. 싸움의 발단이 신고 학생 측의 욕설 등으로 시작되었는데, 그것은 쏙 빼고 뒷부분에 신고된 학생의 욕설 부분만 캡처해서 제출하여 마치 신고된 학생의 일방적인 사이버폭력처럼 보이는 경우가 대표적인 예입니다. 상대방 측은 대화 내용을 전부 다 가지고 있어서 자신들에게 유리한 부분만 제출하는데, 앞부분을 제출하고 싶어도 대화방을 나가버려서 확보하지 못하게 되는 것입니다.

따돌림으로 신고된 경우에도 SNS상의 대화는 유리하게 활용될 수 있습니다. 신고 학생은 자신이 따돌림을 당했다고 주장하지만 정작 SNS상의 대화를 보면 오히려 신고 학생이 대화를 주도하고 분위기를 이끄는 등 따돌림이 없었다고 반박할 증거가 되는 것입니다.

휴대폰 문자를 복구하여
성추행범 누명에서 벗어난 사례

고등학생인 명수의 어머니는 학교에서 연락을 받고 너무 깜짝 놀랐습니다. 명수가 강제 성추행을 했다며 같은 학교 여학생 진희 부모님으로부터 학교폭력 신고가 되었다는 연락을 받았기 때문입니다. 명수에게 물어보아도 도통 말을 안 해줘서 어머니는 명수와 함께 저의 사무실을 방문하셨습니다.

명수에게 사실관계를 들어보니 진희와 명수는 서로 호감을 갖고 있던 사이였습니다. 진희와 명수는 친구들과 밤늦게까지 놀다가 헤어졌고 두 학생은 집이 같은 방향이라 함께 걸어가게 되었습니다. 그리고 공원에서 잠시 쉬어 가자고 하던 중 자연스레 스킨십이 이어졌고 두 학생은 이 일을 비밀로 하기로 약속하였습니다.

그런데 진희는 자신의 친구에게 명수와의 일을 카톡으로 이야기했고 진희 부모님이 우연히 그 대화 내용을 보게 된 것이었습니다. 겁을 먹은 진희는 부모님께 자신이 강제로 성추행을 당한 것이라 거짓말을 했고 진희 부모님은 명수를 성추행으로 학교폭력 신고까지 하였습니다.

명수에게 확인하였더니 스킨십을 한 이후 진희와 평소처럼 휴대폰 문자로 대화한 내용, 학교폭력 신고 이후 진희가 명수에게 연락을 해서 자신을 추행했다고 거짓으로 자신의 부모님께 이야기해주면 신고를 취소해주겠다는 문자 내용이 있다고 하였습니다. 하지만 어머니께서 진희와 일체 연락을 끊으라고 하셔서 명수는 진희와 나눈 문자를 모두 지워버린 상태였습니다.

결정적인 증거가 되는 문자를 복구하기 위해 휴대폰 데이터 복구 전문업체에 의뢰하였고, 다행히 학교폭력대책심의위원회가 열리기 전 대화가 복구되었습니다. 휴대폰 문자로 분위기는 전환되었고, 명수는 성추행범 누명에서 벗어날 수 있었습니다.

휴대폰 문자가 복구돼서 망정이지 만약 그렇지 않았다면 명수는 정말 성추행범으로 중징계를 받았을지 모릅니다. 사실 데이터 복구 전문업체에 의뢰하더라도 시간이 많이 소요된다든가, 복구되지 않는 경우들이 더 많습니다. 시간과 비용을 들이고 그 시간 동안 애태우는 노력을 들일 필요 없이 사건 발생 시 즉각 아이와의 대화를 통해 휴대폰에 있는 대화 내용을 메신저 종류와 관계없이 모두 캡처를 하여 보관하는 것이 좋습니다.

전학 조치가 내려졌지만
유리한 증거를 통해 취소된 사례

예진이는 집단 학교폭력 현장에 우연히 가게 되었습니다. 그곳에서 주동자인 동급생 가해학생과 상급생 가해학생들의 주도로 피해학생에 대한 집단폭행이 이어졌습니다. 예진이도 분위기에 휩쓸려 가해학생들이 때리는 걸 보다 함께 가담하여 폭력을 행사하였습니다. 피해학생의 신고로 학폭위가 개최되었고, 주동자인 동급생 가해학생과 함께 예진이에게는 '전학' 조치가 내려졌습니다. 반면에 상급생 가해학생들은 출석정지에 그쳤습니다.

지금까지 한 번도 예진이는 학교폭력에 연루된 적이 없었던 반면, 상급생 가해학생들은 이전에도 몇 차례 학폭위에서 징계조치를 받았던 학생들이었습니다. 더욱이 가담 정도도 예진이는 상급생 가해학생들에 비해 덜한데 가장 중한 '전학' 조치가 내려졌다는 것이 부모님 입장에서는 이해하기 어려웠습니다.

왜 이런 결과가 내려졌나 하고 보니 상급생 가해학생들이 거짓 진술을 하였고, 피해학생에게도 자신들이 한 행위를 예진이가 한 것처럼 진술해달라고 한 것이었습니다.

이러한 사실은 예진이와 피해학생의 페이스북 메신저 대화 내용을 통해 알 수 있었습니다. 예진이는 집단폭행 사건 당일 집에 돌아가서 이건 아니다 싶어 피해학생에게 미안하다고 용서를 구하는 메시지를 보냈습니다. 피해학생은 그래도 미안하다고 사과한 사람은 예진이가 처음이라며 오히려 사과해주어 고맙다는 인사를 건넸습니다. 이후 피해학생은 예진이의 사과 때문에 마음이 좀 풀렸는지 자신이 상급생들 요구에 어쩔 수 없이 거짓 진술을 하게 되었다고 고백하면서 미안하다는 메시지를 보내왔습니다. 그런데 이런 내용이 학폭위에서는 전달이 되지 않았고, 그로 인해 전학 처분이 내려졌던 것입니다.

전학 처분을 취소해달라며 교육청 행정심판위원회에 행정심판 청구를 하면서 이와 같은 사실을 밝히기 위해 예진이와 피해학생 메신저 대화 내용을 증거로 제출하였습니다. 행정심판위원회는 증거를 근거로 예진이가 사건 직후 피해학생에게 사과를 한 점 등 반성과 화해 정도가 높고, 학교폭력 가담 정도가 전학 처분을 내릴 정도로 중하지 않은 점, 예진이가 처음 학교폭력에 연루된 만큼 낮은 징계조치를 통해 선도의 기회를 주어야 한다는 이유로 '전학' 처분을 취소하였습니다.

이처럼 유리한 증거가 학폭위 단계에서 제출되었더라면 애초에 전학 처분까지 내려지진 않았을 것입니다, 그래도 증거가 남아 있어 재심으로나마 예진이는 과도한 처분에서 벗어날 수 있었습니다.

사건을 목격하거나 두 학생의 관계를 잘 알고 있는 학생의 진술

학급 친구들의 진술도 중요한 증거입니다. 사건이 발생하면 아이에게 물어 현장을 목격한 학생이 누구인지, 평소 두 학생의 관계를 잘 알고 있는 학생이 누구인지 물어보시는 것이 좋습니다. 담임선생님이나 부모님보다 늘 함께 생활하는 친구들이 아이들의 상황을 더 잘 알고 있을 수 있습니다. 그 학생들이 자녀에게 유리한 내용을 알고 있는 학생들이라면 학교 측에 해당 학생들에 대한 사안조사를 요청하도록 합니다. 만일 학교에서 사안조사를 해주지 않고 있다면 때에 따라서는 해당 학생의 부모님께 동의를 얻어 진술서 작성을 부탁한 후 학교에 제출할 수 있습니다.

학교폭력으로
형사고소를 당했을 때

　아침에 등교할 때까지만 해도 여느 때처럼 학교생활을 잘하고 있으리라 생각했던 아이였는데 경찰서에서 신고가 되었으니 출석하라는 연락이 옵니다. 학교폭력대책심의위원회를 준비하는 것도 정신 없는데 심지어 경찰에 고소까지 되었다는 연락을 받는다면 날벼락 맞은 기분일 겁니다.

　학교폭력으로 학교 내에서 징계조치를 받는 것으로 가해학생에 대한 책임을 묻고 사건이 종결되는 경우가 많지만, 사안에 따라 피해학생 측에서 형사고소를 하거나, 때로는 학교에서 의무적으로 수사기관에 신고해야 하는 사건들이 있습니다. 그리고 이처럼 학교폭력 신고로 그치지 않고 고소까지 이루어지는 비율도 점점 증가하는 추세입니다.

연령에 따라 달라지는 절차

　만 10세 이상부터 만 14세 미만일 경우 형사처벌은 받지 않습니다. 다만 경찰에서 조사 이후 소년법원으로 넘어가게 되는데 경찰 조사 단계에서는 부모님이 동석할 뿐 일반 성인이 조사를 받는 것과 동일한 절차와 방법으로 아이에 대한 조사가 이루어집니다. 경찰, 검찰, 법원의 세 단계를 거치는 일반 형사사건과 달리 10세 이상 14세 미만 미성년자는 사실상 경찰 단계에서 모든 조사가 이루어지기 때문에 초기 단계에서부터의 준비가 무척 중요합니다. 자칫 중요한 증거를 빠트리거나 아이가 불리한 진술을 한다면 사실관계 자체가 왜곡되어 아이가 한 행동보다 무겁게 다뤄질 수 있기 때문입니다.

만 14세 이상일 경우 만 14세 미만 학생들과 절차가 다릅니다. 만 14세 이상 만 19세 미만의 미성년자들은 경찰 단계 역시 성인과 마찬가지로 조사를 받는 것은 물론이고, 검찰, 법원의 세 단계를 거치게 됩니다. 경찰에서 검찰로 송치된 후에는 검사가 기소유예를 할지, 소년법원으로 송치를 할지, 아니면 일반 형사사건으로 공소제기를 할지 결정하기 때문에 사실상 수사단계에서는 일반 성인 범죄와 그 과정이 동일합니다.

수사관이 유도 질문을 해서
아이를 완전 나쁜 애로 몰아간 것 같아요

소년법원에 다녀온 부모님이 다급하게 사무실을 찾아오셨습니다. 반 남학생들끼리 일명 '바지 벗기기' 놀이가 유행하였고, 경호도 반 친구에게 장난으로 바지 벗기기를 한 것이 문제가 되어 그 친구의 부모님이 경호를 강제추행으로 형사고소하였습니다. 부모님은 학교에서 이미 학교폭력 징계처분도 받았고, 바지 벗기기 장난에 대해 대수롭지 않게 여겼는데 정작 소년법원에 가니 판사님의 태도는 예상한 것과 전혀 달랐습니다. 그제야 사안의 심각성을 느낀 부모님은 재판을 어떻게 준비해야 할지 조력을 받고자 저희 사무실에 오신 것이었습니다.

처음에 부모님 말씀만 들었을 때는 사이가 좋은 동성 친구들끼리의 일로, 별일 아닌 것 같은데 판사님이 왜 그러셨을까, 생각이 들었습니다. 그리고 경찰 단계에서 조사했던 사건 기록을 열람 등사해서 보는 순간, 판사님이 왜 사안을 중하게 보셨는지 알 것 같았습니다. 경찰 진술조서에는 경호의 진술이 너무 불리하게 기록되어 있었습니다. 부모님께서도 진술조서를 보고서는 깜짝 놀라셨습니다. 심지어 수사관이 유도 질문을 해서 경호를 완전히 나쁜 애로 몰아간 것 같다며 수사관을 탓했습니다. 경호가 경찰 조사를 받을 당시 옆에 부모님도 동석하셨음에도 말입니다.

사실 수사관이 유도 질문을 한 것이 아니라 당시 경호가 성적 의도, 즉 추행의 의도를 갖고 한 것인지 물어보는 내용이었지만 수사관의 질문이 무엇을 확인하기 위한 것인지, 경호의 진술이 불리한지도 몰라서 잘못 대응했다가 빚어진 결과였습니다. 다음 재판에 앞서 경호가 왜 그런 장난을 하게 되었는지, 당시 반에서 바지 벗기기 놀이가 유행이라 경호가 별다른 성적 의도가 없이 그런 행동을 하게 되었지만 그 이후로 잘못된 행동임을 깨닫고 많이 반성하고 있다는 점 등을 변호하였습니다. 하마터면 6호 이상의 보호처분을 받을 뻔했던 경호는 1, 2호 보호처분을 받는 것에 그쳐 부모님과 함께 집으로 돌아갈 수 있었습니다.

일반 성인 사건처럼 진행되는 경찰, 검찰 단계

학교폭력대책심의위원회를 거쳤다가 경찰 조사를 받는 경우 부모님들은 학폭위 절차와 별반 다르지 않을 것이라고 안일하게 대응했다가 소년법원에 가서야 후회를 하는 사례들을 종종 봅니다. 미성년자라서 별일 없을거라 생각했다가는 무거운 보호처분을 받는 불상사가 생길 수 있습니다. 학폭위나 학교에서 선생님이 사안조사를 하는 것과, 경찰서에서 수사관이 조사하는 것은 차원이 다른 문제입니다. 범죄가 성립되는지 안 되는지 파악하기 위한 내용을 중점적으로 물어보며, 사실관계를 세부적으로 파고들어 질문하고 때로는 유도 질문을 하기도 합니다.

처벌이 목적이 아닌
건전한 성장을 돕는 소년보호재판

수사기관에서 수사를 마치고 소년보호사건으로 분류가 된 경우, 소년법원에서 재판이 이루어지게 됩니다. 소년보호재판은 벌금형, 징역형 등의 우리가 흔히 알고 있는 형사처벌을 내리는 것이 아니라

'보호처분'이라고 하여 가장 경하게는 1호 '보호자 감호위탁'부터 가장 중한 경우 '장기 소년원 송치'까지 총 10단계의 보호처분 조치가 내려집니다. 물론 사안을 살펴보고 굳이 보호처분이 필요 없는 사안의 경우 불처분 결정이 내려지기도 합니다.

소년법원 재판에 출석하러 법정에 갈 때면 법정 앞은 아이들과 동행한 부모님들로 항상 북적입니다. 중, 고등학생쯤 되어 보이는 학생들은 긴장한 표정으로 자신의 재판을 기다리는가 하면, 초등학생으로 보이는 앳된 친구들은 마치 소풍을 온 것 마냥 옆 친구와 장난을 치며 재판을 기다립니다. 재판정을 나오는 모습도 제각각입니다. 부모님과 안도의 한숨을 쉬며 나오는 학생이 있지만, 판사님께 꽤 혼이 났는지 빨개진 눈으로 눈물을 닦으며 재판정을 나서는 학생도 있습니다.

안타까운 순간은 부모님과 학생이 같이 법정에 들어갔다가 부모님만 나오는 경우입니다. 감호위탁시설이나 소년원으로 가는 보호처분을 받은 경우에는 법정에서 부모님과 학생은 이별해야 합니다.

10단계 보호처분
1호: 보호자 또는 보호자를 대신하여 소년을 보호할 수 있는 자에게 감호 위탁
2호: 수강명령
3호: 사회봉사명령
4호: 보호관찰관의 단기 보호관찰
5호: 보호관찰관의 장기 보호관찰
6호: 「아동복지법」에 따른 아동복지시설이나 그 밖의 소년보호시설에 감호 위탁
7호: 병원, 요양소 또는 「보호소년 등의 처우에 관한 법률」에 따른 소년의료보호시설에 위탁
8호: 1개월 이내 소년원 송치
9호: 단기 소년원 송치(6개월 이내)
10호: 장기 소년원 송치(2년 이내)

이처럼 일반 재판들과 사뭇 다른 모습의 소년보호사건 재판은 그 모습뿐만 아니라 목적에서도 차이가 있습니다. 소년보호재판의 목적은 처벌이 아니라 소년의 건전한 성장을 돕고 품행을 교정하는 것이 목적입니다. 수사단계에서는 사실관계에 대해 해명하고 조사를 받는 데 주력하였다면 소년법원에서는 자녀가 중한 보호처분이 아니라도 충분히 선도가 가능할 만큼 바른 생활을 하는 학생임을 법원에 전달하는 것이 중요합니다.

소년보호재판은 교화와 선도에 목적이 있는 만큼 선도 가능성이 높으면 낮은 보호처분으로, 선도 가능성이 낮으면 높은 보호처분을 내립니다. 재판에서 보호자인 부모님이 선도와 지도를 할 수 있는지를 평가하는 것은 더 말할 것도 없습니다. 부모님들은 경찰이든 법원이든 '우리 아이가 그렇게 나쁜 아이가 아니에요. 평소에 학교생활 열심히 하는 정말 착한 아이예요'라는 평소 자녀의 바른 모습을 전달해야 합니다. 소년법원 단계는 이와 같은 부모님의 의견과 평소 자녀의 좋은 면을 전달하는 기회라 생각하고 임한다면 부담감은 크게 덜 수 있을 것입니다.

학교폭력 가해학생 부모님께 전하고 싶은 말

"나는 양육에 실패한 부모일까요?"

학교폭력 사건은 빠르게 진행되고 학생들에게 초점이 맞춰지기 때문에 그 상황을 겪는 부모님의 심정은 배제되곤 합니다. 그나마 피해학생 측 부모님은 힘든 심정을 토로하곤 해도, 가해학생 측 부모님은 감정을 내비칠 겨를도 없는 것이 사실입니다.

언젠가 인터뷰 도중 이런 질문을 받은 적이 있습니다. "가해학생을 변호할 때 변호사로서 내적 갈등을 겪지는 않으세요?" 이는 '가해학생=나쁜 학생'이라는 전제에서 비롯된 질문이었습니다. 학교폭력 가해학생의 부모님은 자녀와 자신에 대한 주변의 차가운 시선도 감내해야 합니다. 가해학생 측 부모님들은 많은 생각과 갈등에 휩싸입니다. 사건 자체를 맞닥뜨리는 것도 힘들지만 가해자로 낙인찍힌 아이, 주변의 차가운 시선 등 힘든 점이 한둘이 아닙니다.

아이를 변호하면서 '왜 이런 일이 일어났을까, 내 아이가 왜 그랬을까' 고민하며 원인을 찾아보지만, 결국 내가 잘못 가르친 탓인 것 같습니다. 이처럼 많은 가해학생 부모님들이 양육에 실패했다는 자책감에 괴로워하십니다. 학교폭력으로 형사고소를 당해 소년재판까지 함께 진행했던 사건의 한 어머니는 사건을 진행하는 몇 개월 동안, 자신의 삶 자체가 부정당하는 심정이었다고 토로하기도 하셨습니다.

그러나 저는 부모님들께 학교폭력이 발생했다고 너무 자책하지 말라고 말씀드리고 싶습니다. 학교폭력에 연루되는 학생들은 평소 품행에 문제가 있는 학생들만이 아니라 부모님의 기대를 한 몸에 받고, 학교생활에 아무런 문제가 없었던 학생들도 많습니다. 아이들은 아직 정서적으로 미숙한 미성년자이기 때문에 누구나 의도치 않게 학교폭력의 가해자가 될 수 있습니다. 학교폭력의 가해자가 되었다는 사실에 아이들 스스로도 무척 힘든 시간을 보내고 있습니다.

무조건적인 옹호는 옳지 않습니다

학폭위에 출석하여 자녀가 옆에서 듣는 가운데 '피해학생이 평소 맞을 만한 행동을 했으니 당한 것 아니냐'고 피해학생을 깎아내리거나, '우리 애가 막말로 사람을 죽였습니까. 뭐 이렇게 학폭위까지 열고 호들갑입니까' 등의 발언을 하는 일부 부모님들이 있습니다. 아이 편을 들다 보니 나온 말이겠지만 이런 부모님들을 볼 때면 과연 제대로 된 훈육과 재발 방지가 가능할지 염려가 됩니다. 결국 자녀에게 가장 많은 영향을 미치는 사람은 부모님입니다. 자녀의 기를 죽이지 않겠다며 '네가 한 일은 별거 아니다. 피해학생이 원래 이상한 아이다'라는 식의 태도를 보이신다면 가해학생은 자신의 행동을 반성하지 않을 것이고, 학교폭력 사건이 재발할 수도 있습니다.

자녀의 잘못을 과도하게 비난하는 것도 문제겠지만 잘못된 행동에 대해서는 잘못을 분명히 인지시키고, 그것이 피해학생에게 어떤 피해를 주는지 등을 지도, 훈육하는 것이 자녀가 반성하고 변화하기 위한 가장 중요한 조건입니다.

학교폭력에 연루된 가해학생들에게 가장 힘든 게 무엇인지 물어보면 자기 때문에 머리를 조아리고 괴로워하는 부모님의 모습을 보는 거라고 합니다. 아이들은 부모님을 실망시키지 않기 위해서라도 행동거지를 바르게 하려 할 것입니다. 이처럼 사건을 대하는 부모님의 자세만으로도 큰 선도 효과가 있습니다. 아이가 잘못한 부분은 경중을 떠나 '잘못된 행동이다'라는 의사를 보여주시는 것이 중요합니다. 자녀와 대화의 시간을 충분히 가지면서 아이는 어떤 생각을 하고 있는지, 그리고 이 사건에 대한 부모님의 생각은 어떤지 소통하고 위로하는 시간을 가지기실 바랍니다.

CHAPTER 4

사례로 보는
학교폭력 유형과
해결방법

학생들이 가장 두려워하는
따돌림, 왕따

　　"도망칠 수 없는, 출구 없는 세계란 공포다. 그 공포의 무대에서는 한 사람이 다른 한 사람의 운명을 쉽사리 지배하며 암전시킬 수 있다. 약자는 '무슨 짓을 당하지나 않을까' 노심초사하며 경계하는 와중에 점차 경직되고 자연스럽게 상대의 눈치를 살피게 된다. 그리고 마침내 자신이 악의의 표적이 되었을 때, 그때의 절망감이란…"

　일본에서 이지메(왕따)를 연구한 사회학자 나이토 아사오의 책《이지메의 구조》첫 대목은 따돌림 피해자의 절망적인 감정을 잘 표현하고 있습니다. 학생들이 가장 두려워하는 건 친구들 사이에서 따돌림을 당하는 것이라고 해도 과언이 아닙니다. 학생들은 또래 무리에서 따돌림당하는 것에 두려움 이상의 '공포'를 느낍니다. 10대 학생의 자살을 다룬 언론 보도에 따르면, 많은 경우 따돌림이 원인임을 알 수 있습니다. 극단적인 선택을 할 만큼 따돌림 당한 아이들의 두려움과 공포심이 얼마나 큰지 짐작할 수 있습니다.

자녀가 따돌림 당한다고 털어놓았다는 것은

부모님들은 자녀가 따돌림 당하고 있다는 사실을 뒤늦게 아는 경우가 많습니다. 아이들은 부모님께 자신이 왕따라는 사실을 좀처럼 이야기하지 않습니다. 아이들에게 "왜 부모님에게 말하지 않았느냐"라고 물어봤습니다. 부모님이 속상해하실까 봐, 부모님이 걱정하실까 봐, 이야기해도 별로 달라질 건 없을 것 같다는 게 이유였습니다. 아울러 학생 스스로 자신이 따돌림의 피해자라는 데 수치심을 느끼고, 피해 사실을 숨기고 싶어하는 심리가 작용하는 것도 원인입니다. 따라서 자녀가 따돌림을 당하고 있다고 부모님께 털어놓았다는 것은 이러한 여러 걱정에도 불구하고 굉장한 용기를 냈으며, 이미 견딜 수 없을 만큼 힘든 단계에 이르렀다고 보아야 합니다.

어른들의 적극적인 개입이 필요합니다

따돌림을 예방하거나 없애는 방법은 없다는 게 제가 학교폭력 변호사를 하면서 내린 솔직한 결론입니다. 수많은 유형의 학교폭력 중 따돌림에 대한 학문적 연구가 활발히 이루어지고 있지만 지금 이 시각에도 따돌림은 행해지고 있습니다. 사실 따돌림은 학생들의 세계에만 있는 게 아닙니다. 집단을 이루는 곳이라면 사회 어디서나 따돌림은 존재합니다. 대학교, 직장, 동아리, 지역사회 등 어디서든 찾을 수 있습니다. 따돌림은 인간의 역사와 함께 해왔다고 해도 과언이 아닙니다.

한때 가장 친했던 친구들이 따돌림의 가해자와 피해자가 되었습니다. 학교폭력 신고를 하면, 어른들이 개입하면 아이들의 관계는 더 멀어질 텐데 가해학생들 부모님께 다시 예전처럼 잘 지낼 수 있게 달래보라고 부탁을 해볼까, 그냥 묻어둘까 등 부모님들은 여러 방법을 모색하십니다. 다시 예전처럼 아이들의 관계가 돌아갈 수만 있다면 얼마나 좋겠습니까마는 가해학생들은 피해학생을 다시 자신들 무리에서 놀게 할 생각이 전혀 없습니다. 피해학생도 가해학생들에 대한 두려움과 마음의 상처로 가득 차 있습니다.

어른들이 개입해도 아이들 사이가 좋아질 수 없는 건 맞지만, 개입하지 않아도 따돌림은 이어질 것이고 피해학생은 계속해서 고통 받을 것입니다. 피해학생을 따돌림에서 구하고 재발을 방지하기 위해선 어른들의 적극적인 개입만이 유일한 해결방법입니다.

어른들이 적극적으로 개입해야 하는 이유

따돌림을 해결하려면 왜 어른들이 개입해야 할까요? 아이들 사이의 따돌림은 피할 수 없다는 점에서 어른 사회에서 발생하는 따돌림과 완전히 다릅니다. 대학교에서 따돌림을 당한다면 마음이 맞는 친구와 시간표를 짜서 가해자들을 피할 수 있으며 전과, 편입학, 재입학 등도 가능합니다. 직장 내 따돌림도 그렇습니다. 부서에 갈등이 생겨 같이 일하기 곤란하다면 부서 이동을 신청할 수도 있고 더 나아가서는 이직도 가능합니다. 하지만 학교는 벗어날 수 있는 방법이 매우 제한적입니다. 피해학생은 아침부터 저녁까지 같은 교실에서 가해학생들과 함께 생활해야 합니다. 이처럼 한정된 생활공간에서 친구들과의 '관계' 또한 자의 반 타의 반으로 형성해야 합니다. 집단 학습, 급식, 학교 행사, 조별 수행평가 등이 그것입니다. 이러한 환경에서 피해학생 스스로 자신을 보호하기 어렵기 때문에 어른들의 도움이 절실합니다.

성인들은 따돌림의 고통을 어느 정도 견뎌낼 힘이 있습니다. 누군가 나를 따돌린다면 무시할 수 있고, 때에 따라서는 따돌림 당하는 무리를 박차고 나와버릴 수 있습니다. 반면 학생들은 아직 스스로를 지킬 준비가 되어 있지 않습니다. 괴롭힘 속에서 자신을 지킬 만큼 마음이 단단하지 않은 것입니다. 비단 일본이나 우리나라뿐만 아니라 학교폭력 문제로부터 비교적 자유롭다는 유럽에서도 학생들이 따돌림으로 인해 자살을 선택한다는 사실은 아이들이 얼마나 따돌림에 취약한지 말해줍니다.

지금도 누군가의 도움을 절실히 필요로 하는 따돌림의 피해학생이 있을 겁니다. '너 스스로 극복해야 한다, 학교생활이 다 그렇다, 너에게 문제가 있는지 돌아봐라'라며 스스로 극복하기를 강요하는 건 출구 없는 세계에 피해학생을 방치하는 것과 다름없습니다. 다시 한 번 강조하지만, 아이들은 스스로를 지킬 힘이 없습니다. 반드시 어른의 힘이 필요합니다.

혹시 친구들이 너에게 그렇게 할 만한
행동을 하지 않았어?

일본의 사회학자 다케가와 이쿠오의 《이지메와 등교 거부의 사회학(いじめと不登校の社会学—集団状況と同一化意識)》에서 다케가와 이쿠오는 이지메 가해자들을 대상으로 한 설문조사 중에서, 한 남학생이 작성한 설문지 내용을 소개하고 있습니다. "이지메를 당한 사람은 자신에게 문제가 있기 때문에 당하는 것이니 어쩔 수 없다. 그런데 선생님은 당한 쪽보다는 가한 쪽을 중심으로 화를 낸다. 기분 나쁘다. 그래서 선생님이 싫다. 왜 그랬는지 이유도 모르면서."

따돌림 가해자들이 어떤 마음으로 친구를 따돌리는지 적나라하게 보여주는 말입니다. 이러한 사례는 학교폭력대책심의위원회에서도 들을 수 있습니다. 여러 명의 학생이 피해학생인 민영이를 따돌리고 SNS에 '저격글'까지 올린 사안이었습니다. 민영이를 따돌린 이유를 묻자 학폭위에 출석한 학생들은 한목소리로 민영이를 탓했습니다. "민영이가 남자애들한테 꼬리를 쳐서요." 저는 물었습니다. "그래. 너희들 말대로 민영이가 남자애들한테 꼬리를 쳤다고 치자. 이중에서 혹시 민영이 때문에 남자친구와 헤어지거나, 어떤 피해를 본 학생이 있니?" 학생 중 아무도 답을 하지 못했습니다. 민영이가 남학생들에게 학생들 표현대로 꼬리를 치는지 아닌지는 확인할 수 없습니다. 설령 그렇다고 하더라도 민영이가 가해학생들에게 어떤 피해를 준 것도 아닙니다. 학생들은 이유 아닌 이유를 만들어 따돌림에 가담한 것을 스스로 인정한 셈입니다.

더 큰 문제는 따돌림을 바라보는 어른들의 시각에도 이와 같은 인식이 깔려 있다는 것입니다. 언젠가 여고생들 사이에 발생한 따돌림에 대해 '조치 없음'이 내려진 사안과 관련해 불복절차로서 피해학생 행정심판을 신청하고 행정심판위원회에 동행한 적이 있습니다. 당시 사안에 대해 이것저것을 묻던 도중 위원 한 명이 피해학생에게 이렇게 질문하였습니다. "학생, 평소 성격이 너무 예민한 것 아니야? 혹시 친구들이 그렇게 할 만한 행동을 했다는 생각은 안 해봤어?" 결국 피해학생은 그 자리에서 울음을 터트리고 말았습니다. 저는 따돌림을 당한 학생에게 친구들로부터 따돌림을 당할 만한 행동을 하지 않았느냐고 묻는 것은 범죄 피해자에게 범죄를 당할 만한 행동을 하지 않았느냐고 책임을 묻는 것과 다름없다고 지적하였습니다. 피해학생을 위한 불복절차인 행정심판위원회 위원의 따돌림에 대한 시각이 이럴 정도인데 우리 사회의 인식이 어떨까요? 따돌림에 대한 사회 전반의 인식 개선이 절실합니다.

지금껏 많은 사람들이
따돌림을 이겨내고 성공했습니다

세계적인 디자이너 이브 생 로랑은 여성복에 최초로 바지를 도입해 여성들을 자유롭게 한 혁신적인 디자이너라 평가받습니다. 갑자기 웬 디자이너 이야기인가 싶으실 겁니다. 이브 생 로랑도 학창시절 지독한 따돌림에 시달렸습니다. 부유한 가정에서 태어나 집에서는 행복

했지만, 학교생활은 그리 즐겁지 않았습니다. 또래 남자애들에 비해 유난히 마른 몸매와 소심한 성격, 그리고 특유의 여성스러움 때문에 늘 폭력과 따돌림을 당했던 것입니다. 불우한 학교생활은 프랑스 파리로 탈출하리라는 그의 목표에 기폭제가 되었습니다. 친구들에게 소외될수록 이브 생 로랑은 스케치북에 열심히 그림을 그리며 디자인에 몰두하였고, 결국 18세라는 나이에 크리스티앙 디오르, 지방시 등이 심사하는 디자인 콘테스트에서 당당히 1등을 수상했습니다. 크리스티앙 디오르의 조수로 들어가게 된 이브 생 로랑은 21세의 나이에 갑작스럽게 타계한 디오르의 후계자가 되었고, 오늘날 세계적인 디자이너로 이름을 남겼습니다.

새해 연초, 오랜만에 멀리서 연락이 왔습니다. 고3이 되고 얼마 되지 않을 무렵부터 같은 반 여학생들의 따돌림으로 상담을 했던 학생의 연락이었습니다. "안녕하세요 변호사님, 저는 이제 내일 졸업합니다. 힘든 시간 동안 열심히 공부해 공기업과 공무원 시험에 둘 다 합격할 수 있었습니다. 비록 힘든 학교생활이었지만 그 안에서 큰 교훈을 얻었고 앞으로는 제 인격적 성장을 위해 노력하려고 합니다."

따돌림 피해학생과 부모님께 꼭 말하고 싶습니다. 따돌림은 누구나 겪을 수 있는 일이고, 피해학생이 잘못해서 겪은 일도 결코 아닙니다. 따돌림이 학생의 인생을 흔들도록 어른들은 가만히 놔두지 않을 겁니다. 설령 지금 겪는 일들이 힘들지라도 용기를 가지고 이겨내길 바랍니다. 지금껏 위인들을 비롯한 많은 사람들이 따돌림을 겪고 이겨냈듯이 우리도 이겨낼 수 있습니다.

쌍방폭행인 경우 더 많이 다친 학생이 피해학생 아닌가요?

학교폭력이 발생해서 신고가 되면 학교에서는 가해학생과 피해학생으로 구분하기 마련입니다. 학교폭력예방법에도 가해학생이란 '학교폭력을 행사하거나 그 행위에 가담한 학생', 피해학생이란 '학교폭력으로 인해 피해를 입은 학생을 의미한다'고 규정하고 있습니다.

"우리 아이가 더 많이 다쳤으니까 우리 아이가 피해학생이고, 상대방 아이가 가해학생 아닌가요?"

학교폭력 상담 시 많이 듣는 질문 중 하나가 바로 '둘이 싸웠다면 더 많이 다친 학생이 피해학생이 되는 것 아니냐' 하는 것입니다. 가해학생과 피해학생을 구별하는 것은 굉장히 단순해 보이지만 사실은 그렇지 않습니다. 우선 결론부터 말씀드리면 '아니다'입니다. 즉, 서로 싸우다가 어느 한 학생이 더 많이 다치고 다른 학생은 조금 덜 다친 경우에 더 많이 다친 학생이 피해학생이 되는 것이 아니라 두 학생 모두 쌍방 가, 피해학생이 됩니다.

우리 아이가 학교폭력의 가해학생이라고요?

　　어떤 사건이 학교폭력인지 아닌지를 판단할 때에는 발생 원인을 참작하기는 하나, 행위의 결과를 기준으로 판단합니다. 섣불리 가, 피해학생으로 결정하였다가 상대방 학생의 피해에 대해서는 전혀 다루지 않았다고 **부작위위법확인소송** 등 분쟁으로까지 이어지는 사례들이 많기 때문에 학교는 분쟁을 피하고자 대개 결과를 기준으로 판단하는 것입니다.

　　더 많이 다친 학생 쪽 부모님께서는 자신의 아이가 학교폭력의 피해자인데 왜 쌍방 가해자냐며 결과를 받아들이지 못하는 경우가 많습니다. 그래서 행정심판, 행정소송 등의 불복절차를 진행하는 경우들이 종종 있는데 법원도 다음과 같이 쌍방 가, 피해로 판단하고 있습니다. "학생들 사이에서 발생하는 학교폭력의 범주에는 가해학생의 일방적인 행위로 인하여 피해학생이 신체적, 정신적 피해를 당하기만 하는 경우뿐만 아니라, 쌍방이 서로에게 신체적, 정신적인 피해를 입히는 경우도 포함된다. 싸우게 된 경위 및 싸움의 진행과정 등에 비추어 보면 B의 A에 대한 폭행은 A의 공격에 대한 방어행위인 동시에 공격행위의 성격을 가졌던 것으로 보이고, B의 행위를 A의 일방적인 폭행행위에 대한 소극적인 저항행위 내지 정당방위라고 보기 어렵다."

> **부작위위법확인소송**
> 행정청의 부작위에 대한 위법을 확인함으로써 행정청이 신속하게 응답하게 하여 부작위, 무응답이라고 하는 위법상태를 제거하는 소송을 의미한다.

쌍방폭행이 일방폭행으로 몰릴 때도 있다

반면, 쌍방폭행임에도 일방폭행으로 몰려 과도한 징계처분이 내려질 때도 있습니다. 학교에서 알아서 쌍방으로 진행해주겠지, 라고 생각했는데 결과 통지서를 받고 보니 일방 가해학생으로 인정되어 중징계가 내려지는 것입니다.

두 남학생이 시비가 붙었고, 상대방 학생이 먼저 때리면서 몸싸움으로 이어진 사건이 발생하였습니다. 준수 부모님은 학교폭력으로 신고를 하였고 학폭위가 열렸는데 준수만 일방적인 가해학생으로 인정되어 '학급교체' 처분이 내려졌습니다. 준수 부모님은 준수만 일방 가해학생으로 인정된 결과를 납득하기 어려워하셨고 불복절차로 행정소송을 진행하였습니다.

학폭위 의결의 문제점을 파악하기 위해 학폭위 회의록을 살펴보니 그 원인을 알 수 있었습니다. 학교에서는 준수가 몇 대 더 때렸다는 이유로 준수를 일방 가해학생으로 단정 짓고 준수가 맞은 것에 대해서는 일체 다루지 않았던 것입니다.

싸움이 일어나게 된 경위, 해당 학생이 입은 피해 등을 고려한다면 중징계 처분이 내려지지 않았을 것인데 이러한 문제점을 밝혀 불복절차를 진행하였고, 결국 준수에 대한 학급교체 처분은 취소될 수 있었습니다.

그렇다면 쌍방폭행은
어떻게 대처해야 할까요?

　　부모님들은 자신의 아이가 더 크게 다쳤을 경우, 당연히 피해학생이 되는지 알고 학교폭력 신고 이후 피해 사실에 관해서만 주장하기에 급급합니다. 그래서 학폭위에서 예상치 못한 결과를 받기도 합니다. 가해학생으로서의 입장에서 적절한 방어와 대응을 하지 못했기 때문입니다.

　　섣불리 부모님 스스로 학교폭력이 아니라고 단정 지어 학폭위 단계에서 제대로 된 대응을 하지 못하면 안 됩니다. 한 대라도 때린 사실이 있다면 피해학생이자 가해학생으로 들어갈 수 있기 때문에 가해학생으로서의 대응도 필요합니다. '그럼 상대방 학생이 때리는데 우리 아이가 맞고만 있으라는 거냐'라며 감정적으로 반응하시는 분들이 있는데 방어적 측면에서 왜 부득이 맞대응할 수밖에 없었는지, 학교폭력 징계를 결정하는 기준에 반영될 수 있는 참작 사유 등에 대해 의견을 제시하는 것이 올바른 대응 가운데 하나입니다.

학교 담장 밖을 넘어가는
사이버폭력, 사이버따돌림

학생들의 방과 후 교류는 SNS나 페이스북 메신저, 카카오톡에서 전부 이루어진다고 해도 과언이 아닙니다. 어른들이 보기에는 '아까 학교에서 만났던 친구들인데 또 이야기할 것이 저렇게 많나?' 싶습니다. 아이들은 페이스북을 통해 다른 학교 학생들과 친구를 맺고, 일대일 대화는 물론 친한 친구들끼리의 소규모 채팅방, 반 단체 채팅방, 전교생들이 모여 있는 단체 채팅방에서 밤늦게까지 대화를 합니다. 교실과 학교에서의 생활이 물리적, 시간적 제약 없이 온라인으로 연장되는 것입니다.

사이버폭력, 사이버따돌림이란?

사이버따돌림은 학교폭력예방법에서 그 의미에 대해 '인터넷, 휴대전화 등 정보통신기기를 이용하여 학생들이 특정 학생들을 대상으로 지속적, 반복적으로 심리적 공격을 가하여 상대방이 고통을 느끼도록 하는 일체의 행위'라고 정의하고 있습니다. 사이버폭력, 사이버 따돌림은 학교폭력 사건 중 가장 많이 발생하는 유형 중 하나입니다. 더욱이 2020년부터 이어진 코로나19로 인해 수업이 비대면, 온라인으로 진행되면서 학교폭력도 사이버상으로 옮겨가는 양상을 보이고 있습니다.

사이버폭력은 주로 특정 학생에 대해 모욕적인 발언, 욕설 등을 단체 채팅방, 페이스북, 인스타그램 등에 올리는 형태로 이루어지거나, 허위 사실, 사생활에 관한 내용을 SNS, 카카오톡 등을 통해 다수에게 퍼트리는 행위, 또는 성적 수치심을 주거나 조롱하는 글, 그림, 동영상 등을 정보통신망을 통해 유포하는 형태로 발생합니다. 또한 피해학생에게 공포심이나 불안감을 유발하는 문자, 영상 등을 휴대폰이나 페이스북 메신저 등을 통해 반복적으로 보내는 행위도 사이버폭력에 해당합니다. 그중 대표적인 형태를 정리하면 다음과 같습니다.

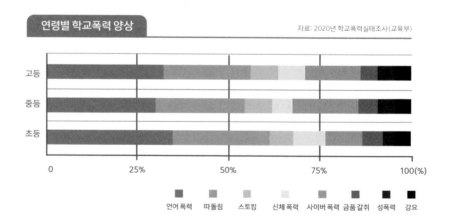

연령별 학교폭력 양상

자료: 2020년 학교폭력실태조사(교육부)

언어 폭력　따돌림　스토킹　신체 폭력　사이버 폭력　금품갈취　성폭력　강요

① 단체 채팅방: 단체 채팅방에서 다른 학생들이 보는 가운데 피해학생에 대해 조롱, 외모 비하, 사진 게시, 욕설 등 모욕적인 말로 공격을 합니다. 때로는 피해학생과 대화한 녹음파일, 일대일 대화 캡처 화면을 게시하여 다른 학생들까지 피해학생을 공격하도록 유도합니다.

② 떼카, 카톡 감옥: '떼카'란 가해학생들이 단체 채팅방을 개설한 뒤 피해학생의 의사와 무관하게 강제로 초대하고 피해학생을 향해 모욕, 조롱, 폭언 등 공격하는 형태를 의미합니다. 피해학생은 가해학생들의 욕설과 자신을 험담하는 대화 내용을 고스란히 지켜볼 수밖에 없습니다. 어른들은 '그 채팅방을 나가면 해결되는 것 아니야?'라고 묻습니다. 그러나 채팅방을 나간다고 해서 끝나는 것이 아닙니다. 피해학생이 가해학생들의 공격을 참다못해 채팅방을 나가면 가해학생들은 다시 피해학생을 초대하고, 또 나가면 반복해서 초대하는 식으로 빠져나갈 수 없게 하는 것입니다. 아이들 사이에서는 이를 일컬어 '카톡 감옥'이라 부릅니다.

③ 방폭: 친하게 지내며 단체 채팅방에서 교류했던 학생들이 단체로 모의하여 피해학생만 홀로 채팅방에 남겨놓고 방을 나가버리는 것을 이른바 '방폭'이라고 합니다. 사이버따돌림의 전형적인 형태 중 하나로 피해학생에게 소외감을 주는 방법으로 괴롭히는 것입니다. 이게 왜 따돌림이냐 싶은 어른들도 있겠지만 온라인에서 더 많은 소통을 하고 유대감을 느낀다는 점에서 홀로 채팅방에 남겨졌을 때 받는 소외감과 두려움은 일반 따돌림과 다를 바 없습니다.

④ 저격글: 저격글이란 어느 개인이나 특정 집단을 직, 간접적으로 공격, 비난하는 글을 의미하는 것으로 대개는 페이스북에 글을 올리거나 카카오톡 상태메시지, 단체 채팅방에 저격글을 쓰는 형태로 이뤄집니다. 누구를 향한 것인지 이름을 특정하고 있지 않지만 피해학생과 주변 학생들이 보기에는 피해학생을 저격하는 것임을 알 수 있도록 교묘하게 이루어진다는 데 특징이 있습니다.

⑤ 댓글을 이용한 사이버폭력: 페이스북 등에 피해학생에 대한 저격글, 사진 등을 게시하고 다른 학생이 피해학생을 조롱, 비난하는 댓글을 달거나, 다수의 학생들이 피해학생의 페이스북 계정에서 댓글로 피해학생을 공격하는 형태입니다.

⑥ 유튜브 등 영상, 사진 게시: 피해학생을 공격하는 내용과 사진을 영상으로 제작하여 유튜브에 공개하는 것입니다. 피해학생이 우스꽝스럽게 나온 사진에서부터 시작해서 가해학생들이 피해학생을 공격하고 때리는 장면, 심지어는 피해학생의 나체 사진 등을 게시하기도 합니다.

시간과 공간의 제약이 없는 사이버폭력

사이버폭력이 심각한 이유는 바로 시간과 공간의 제약이 없다는 특수성에 있습니다. 다른 학교폭력은 교실, 학교를 벗어나 집으로 가면 피할 수라도 있지만, 사이버폭력은 벗어날 방법이 없습니다. 공격글은 새벽까지 멈추지 않고 이어지고, 같은 학교 학생들은 물론 얼굴도 모르는 다른 학교 학생들까지 공격에 가담합니다.

방과 후 반 단체 채팅방에서 이어지는 모욕과 조롱은 피해학생을 잠들기 직전까지 괴롭힙니다. 그뿐만이 아닙니다. 전체 공개된 페이스북이나 카카오톡 상태메시지를 통한 저격글 등은 사실상 24시간 폭력이 지속되는 것과 다름없습니다. 지속적인 사이버폭력으로 인격을 모욕하는 것은 일회성에 그치는 신체적 폭력보다 훨씬 큰 정신적 피해와 후유증을 남깁니다.

저격글 등 사이버폭력은 피해학생을 심리적으로 굉장히 위축되게 합니다. 사실 저격글 내용만 보면 심각한 수준이 아닐 때도 있습니다. 그럴 때 부모님이나 어른들은 피해학생이 왜 이렇게 위축되고 심각하게 받아들일까 의아하게 생각하시지만, 아이들의 마음을 들여다보면 좀 더 쉽게 이해할 수 있습니다. 피해학생들은 자신이 공격당하고 따돌림 당한다는 사실이 가해학생들 이외에 다른 학생들에게까지 알려지지 않길 바랍니다. 자신이 따돌림 당한다는 사실이 수치스럽고 다른 학생들까지 저격글을 보고 따돌림에 동참하여 완전히 고립되지 않을까 하는 두려움 때문입니다. 실제로 저격글 등 사이버폭력 발생 이후로 가해학생 외에 다른 학생들과도 사이가 멀어지고 따돌림이 반 전체로 확대되는 사례들을 접하곤 합니다.

사이버폭력에서 아이를 보호하려면

피해학생과 부모님은 사이버폭력, 사이버따돌림을 가볍게 보는 학교의 태도에 더 큰 상처를 받습니다. 실제로 학교폭력 신고를 해도 학교에서는 별일 아닌 듯이 반응하고, 학교폭력대책심의위원회에서 조차도 '조치 없음' 또는 경미하게 다뤄지는 경우들이 있습니다. 이는 사이버폭력에 대한 어른들의 이해 부족이 원인입니다. 저격글이 무엇을 의미하는지, 아이들에게 온라인상의 소통이 어떤 의미인지, 사이버폭력이 발생했을 때 그 파급력이 어느 정도인지 미처 깨닫지 못하고 있는 것입니다. 저격글을 동반한 따돌림으로 학교 측에 도움을 요청하자 '누구는 오리 그림을 오리로 보지만 누구는 사자로도 볼 수 있다'며 피해학생이 오해한 것 아니냐고 신고를 만류한 어느 학교의 사례는 사이버폭력에 대한 이해 부족을 보여주는 것이라 하겠습니다.

"친구한테 만졌다고 해놓고 이제 와서 아니라는 건가요?" 판사님이 강제추행 사건 피고인에게 묻자 자신은 그런 말을 한 적이 없다고 하였습니다. 판사님은 피고인이 거짓말을 했다는 생각에 휴대폰 문자 캡처 화면을 스크린에 띄우고 다그쳤다고 합니다. "여기 친구가 물으니까 본인이 'ㄴㄴ'이라고 썼네요. '네네'란 거잖아요!" 순간 법정은 조용해지고 피고인이 그것도 모르냐는 눈빛으로 말했습니다. "판사님, 그거 '노노'인데요." 민망함, 미안함, 다행스러운 감정을 느꼈다는 판사님의 고백에서 마지막 말은 의미하는 바가 큽니다. "미리 알려주셔야 알죠."

〈법률신문〉, 한지형 판사, 'ㄴㄴ'의 추억 인용, 2018. 5. 14.

판사님도 미리 알려주지 않으면 모릅니다. 하물며 학교와 부모님은 어떨까요. 사이버폭력, 사이버따돌림에 대해 알고 있지 않으면, 그리고 이해하지 못한다면 그 심각성과 파급력이 얼마나 큰지, 피해자는 얼마나 큰 심리적 고통을 느끼는지 알 수가 없습니다. 일차적으로는 부모님이 사이버폭력을 이해하고 있어야 자녀를 보호하고 학교에도 의견을 전달할 수 있습니다. 사이버폭력이 이루어지는 형태, 심각성을 이해하기 쉽도록 '사이버폭력 체험 애플리케이션(사이버폭력 백신)'이 등장하기도 하였습니다. 사이버폭력 앱의 후기를 보면 '5분간 지옥을 경험했다', '잠깐 동안 겪어도 이렇게 화가 나고 무서운데, 실제 피해학생들은 얼마나 힘들까' 등 공감하는 내용이 많습니다.

한편 사이버폭력이 발생했을 때 부모님들이 아이가 단체 채팅방을 나오게 하거나 페이스북을 탈퇴시키고, 대화 내용을 전부 삭제하게 하는 경우가 있는데 사이버폭력, 사이버따돌림은 증거 보존이 무척 중요합니다. 부모님께서 아이로부터 휴대폰을 건네받아 사이버폭력이 발생하고 있는 화면을 모두 캡처한 다음 삭제하거나 혹은 해당 채팅방 등을 열람하지 않더라도 계속 남아 있도록 하길 권유드립니다.

다행인 것은 사이버폭력에 대한 심각성을 인지하고 학교 차원에서도 예방 교육과 함께 실제 사이버폭력 발생 시 이를 엄하게 다루는 학교들이 늘고 있다는 사실입니다. 워낙 사이버폭력에 대한 사례들이 빈번하게 발생하다 보니 경험이 있는 학교들은 상황의 심각성과 사이버폭력에 대한 이해도도 높아지고 있습니다.

사이버폭력 방지는 사이버폭력을 심각하게 받아들이는 자세에서부터 출발합니다. 그래야 부모님도, 학교도 사이버폭력에 대한 예방교육과 지도가 이루어지고 사후 사건이 발생하더라도 발 빠른 대응으로 재발을 방지할 수 있습니다.

폭력이 놀이가 되는 순간, 집단폭행

　　대중들의 공분을 자아내는 학생들의 집단폭력 사건에 대한 언론 보도가 끊이지 않고 있습니다. 유명했던 부산 여중생 집단폭행 사건, 서울에서 중, 고등학생 10명이 고2 여학생을 집단폭행하고 성추행한 사건, 대구에서 10대 청소년 6명이 여중생을 집단 성폭행하는 일이 발생하는 등 지역을 불문합니다. 언론에서 극단적이고 자극적인 내용의 사건들만 보도되어서 그렇지 실제 집단폭행 사건들은 경중의 차이만 있을 뿐 정말 많이 일어나고 있습니다.

　　집단폭행, 집단따돌림, 집단 학교폭력이라 불리는 학교폭력 사건들의 경우 여학생들과 남학생들의 양상이 사뭇 다릅니다. 여학생들의 집단 학교폭력과 남학생들의 집단 학교폭력의 패턴은 다음과 같습니다. 여학생들은 수평적 관계에서 오히려 절친했던 사이가 틀어져 집단폭행으로 이어지는 반면, 남학생들은 수직적 관계에서 약한 학생이 강한 학생의 타깃이 되어 집단폭행이 발생하는 양상이 많다는 점에서 차이가 있습니다.

여학생들의 집단 학교폭력 사건들의 패턴

① 가해학생들과 피해학생은 한때 친하게 지냈던 사이다.

② 가해학생들은 피해학생을 공격하기 위한 자리를 마련하기 위해 미리 모의한다.

③ 가담자들은 알고 그 자리에 모이거나, 모르고 우연히 그 자리에 가게 되었더라도 피해학생의 공격에 동참한다.

④ 폭력의 이유는 피해학생이 잘못했다는 것을 빌미로 시작한다. 자신을 험담하였다느니, 자신의 남자친구와 친하게 지냈다느니 등 한 사람씩 불만을 이야기하며 사과를 강요한다.

⑤ 사과 강요는 무릎 꿇기 등으로 이어지며 폭행, 상해 등 신체적 폭행이 행해진다.

⑥ 때로는 남학생들이 개입되기도 한다.

⑦ 사건 이후 가해자들은 피해자를 철저히 배척하고 따돌린다.

남학생들의 집단 학교폭력 사건들의 패턴

① 남학생들 사이에는 일종의 힘의 서열이 있다.

② 가해자는 평소에도 피해자를 괴롭혔을 가능성이 크다. 혹은 그렇지 않더라도 남학생들 사이에서 가해자는 피해자보다 힘이 우위에 있다.

③ 피해자가 저항을 하거나, 혹은 가해자의 마음에 들지 않는 행동을 한다.

④ 피해자에게 겁을 주어 사건 장소로 부르거나 혹은 끌고 가서 혼

자 또는 소수의 가해자가 신체 폭행을 가한다.

⑤ 주동 가해자가 데려온 가담자들은 폭행 장면을 방관한다.

아이들은 겁내지 않습니다

대중들은 학생들의 잔인함에 놀랍니다. 혼자서는 생각지도 못했을 행동이지만 집단 안에 있으면 죄책감은 무뎌지고 행동은 과감해집니다. 옆에서 보니 나보다 더 심하게 하는 친구도 있습니다. 어쩐지 내 행동은 사소하게 느껴지고 점점 더 잔인하게 괴롭히는 것입니다. 웃고 떠들며 피해자를 조롱하고 폭행하는 가해자들의 모습은 어느 순간부터 흡사 재미있는 놀이를 하는 것처럼 보입니다. 그 순간만큼 그들에게 폭행은 아무런 죄의식 없는 놀이로 전락하는 것입니다.

이런 집단폭행이 대중의 공분을 사는 가장 큰 이유는 가해자들의 잔혹함뿐만 아니라 사건 이후 반성하지 않는 가해자들의 태도 때문입니다. 군중심리에 휩싸여 집단폭력에 가담한 학생들은 자신들의 행위가 얼마나 큰 잘못인지 모릅니다. '옆에서 나보다 더 심하게 폭행한 애도 있는데 내 행동쯤이야 가벼운 것 아닌가?'라고 생각하는 것이죠. 실제로 일부 가해자들은 '전학만 아니면 돼'라는 말이라든지 '어차피 전과도 안 남아'라는 말도 서슴없이 하며 학폭위나 소년재판까지 겁내지 않는 모습까지 보입니다.

오죽하면 10대들에게 성폭력 등 집단폭행을 당한 대구 여중생 사건 피해학생 어머니가 청와대 국민청원 게시판에 미성년자 가해자들을 엄벌해달라는 청원을 올렸고 35만 명 이상이 동의했을까요. 피해학생과 부모님들의 마음을 두 번 울리고 평생 씻을 수 없는 상처를 주는 것은 바로 반성하지 않는 가해자들의 태도입니다.

가해자들의 행위는 날로 교묘해져 가고, 어떻게 해야 처벌을 빠져나가는지도 잘 알고 있습니다. 가해자들은 쌍방폭행을 만들기 위해 스스로 자해를 하거나 피해학생의 손을 가져다 자기를 때리도록 하고, 목격학생들과 말을 맞추기도 합니다.

학교는 물론 수사기관의 도움을 받아야 합니다

일대 다수의 가해자를 상대해야 하는 상황에서 정신적, 육체적 피해를 추스르기에도 경황이 없는 부모님들이 이와 같은 가해자들을 당해내기란 쉽지 않습니다. 이러한 집단폭행 행위는 학폭위에서의 학교폭력 징계처분은 물론 형사처벌의 대상이 됩니다. 일반 폭행이 아닌 '폭력행위 등 처벌에 관한 특례법'상 공동폭행, 공동상해로 인정되어 가중 처벌될 수 있는 사안이니, 정확한 사안조사를 위해 수사기관의 도움을 받으시길 바랍니다.

학교폭력 중 가장 엄하게 다루어지는 성폭력

"끔찍하고 엉망진창인 이 행성의 상태에 대해 사과합니다. 그러나 여기는 언제나 엉망이었죠. '좋았던 옛날'은 존재한 적이 없습니다." 미국의 소설가 커트 보니것의 말입니다. 우리는 끔찍하고 엉망진창인 세상의 이면을 보았습니다. 현직 검사의 폭로로 촉발된 미투 운동은 사회 전반으로 퍼졌고, 곪아 터지지 않은 곳을 찾기 어려울 만큼 혼란스러운 사회를 보며 '우리가 이런 세상에 살고 있었나' 생각이 들 정도였습니다. 그리고 학생들이 생활하는 학교도 성희롱, 성추행 등 성폭력의 안전지대가 아니었습니다.

장난이라는 이름으로 이루어지는 성폭력

성폭력이란 상대방의 의사에 반하여 성을 매개로 가해지는 것으로 성추행, 성폭행뿐만 아니라 신체적, 심리적, 언어적, 사회적 등 모든 폭력행위를 포괄하는 개념입니다.(교육부, 2021 학교폭력 사안처리 가이드북) 남학생들은 여학생들 앞에서 성적 단어를 아무렇지 않게 이야기하고 여학생들의 반응을 재미있어 합니다. 불쾌감을 보이거나 지적을 하면 '진지충'이라며 오히려 해당 여학생을 유난히 예민한 사람으로 몰아가기 때문에 쉽사리 불쾌감을 표현하지도 못하는 분위기입니다. 그리고 이런 언어적 성폭력에서 더 발전하여 가슴, 성기 등을 만지거나(추행), 화장실이나 탈의실을 몰래 훔쳐본다거나, 유사 성행위를 비롯한 성폭행이 발생하기도 합니다.

> **진지충**
> 학생들이 많이 쓰는 말로 '진지하다'라는 말과 '벌레'라는 뜻의 '충'을 합한 신조어다. 별일 아닌 일을 예민하고 심각하게 받아들인다고 비꼴 때 사용한다.

직접적이고 노골적인 성추행, 성폭행은 초등학교 저학년을 상대로 많이 발생합니다. 엄마, 아빠 놀이를 한다며 고학년 남학생이 저학년 여학생에게 성기를 보여달라고 하고 유사 성행위를 하거나, 동급생 남학생이 여학생의 가슴, 성기를 만지는 사건 등이 대표적인 예입니다.

이처럼 초등학교 저학년이 타깃이 되는 이유는 아이들이 성에 대한 개념이 모호하여 놀이라고 하면 거부나 저항을 하지 않는다는 점에서 비롯됩니다. 직접 피해 사실을 이야기할 수 있는 중, 고등학생이면 그나마 다행이지만 초등학교 저학년 아이들은 부모님의 세심한 관찰이 필요합니다. 만약 '○○이가 소중한 곳을 만졌어'라고 성기를 지칭하는 단어를 말하며 성과 관련된 이야기를 자주 하거나, 부모님과 목욕하는 것을 꺼리는 태도, 평소 엄마 앞에서 옷을 잘 갈아입었는데 자신의 몸을 보여주지 않으려고 한다면 자녀의 성폭력 피해를 의심해봐야 합니다.

사이버상에서의 성폭력

온라인에서의 성폭력은 익명성과 직접 대면하지 않는다는 점, 그리고 접근이 쉽다는 점에서 더 빈번하게 일어납니다. 온라인에서의 성폭력 사건 과정은 주로 다음과 같은 양상이 많습니다. 먼저 남학생들끼리 단체 채팅방에서 여학생들의 외모를 언급하여 성적으로 희롱합니다. 그리고 특정 학생에게 성적 메시지, 음란 사진, 영상물 등을 전송합니다. 마치 피해학생인 것처럼 보이는 가짜 계정을 만들어 SNS상에 음란한 말들과 함께 피해학생의 사진 등을 게시하는 경우도 있습니다. 또한 음란 사이트, 성인 사이트 등에 피해학생의 사진을 유포하는 경우도 있고, 피해학생 얼굴과 음란 사진을 합성하여 SNS 등에 게시하거나 가해학생들끼리 공유합니다.

학교폭력 신고 이후에도 일어나는 2차 피해

문제는 성폭력을 학교폭력으로 신고하더라도 거기서 끝나지 않고 피해학생에게 2차 피해까지 발생하는 경우가 많다는 점입니다. 성폭력은 은밀하게 이루어지는 탓에 증거를 확보하기 어렵습니다. 가해학생 측은 그런 점을 악용하여 사안조사 단계에서부터 자기는 성적 의도가 없었다면서 평소 여학생의 생활태도를 지적하고 오히려 자신을 유혹했다는 등 '꽃뱀' 프레임으로 몰고 가는 것입니다. 그리고 보면 학교가 사회의 축소판이라는 말을 실감합니다. 성폭력이 행해지는 양상이나 과정은 어른들의 그것과 참 닮아 있습니다.

인지 즉시 수사기관에 통보되는 성폭력

성폭력은 학교폭력 중 가장 엄하게 다뤄집니다. 사안에 따라 다르지만 성폭력은 다른 학교폭력 유형보다 전학, 퇴학 처분이 내려지는 빈도가 높은데 이는 성폭력의 피해자가 가해자와 같은 공간에 있으면 두려움과 불안감을 느끼는 등 분리가 불가피하다는 점에 대해 공감하고 있기 때문입니다. 또한 성폭력은 학교폭력심의위원회 단계에만 머무르지 않습니다. 학교장이나 교사가 청소년 대상 성범죄의 발생 사실을 알게 된 때에는 즉시 **수사기관에 신고**하여야 합니다.

> **아동, 청소년의 성보호에 관한 법률**
> 제34조 제2항에 따라 초, 중등교육법 상의 학교에서 근무하는 단체장과 그 종사자는 아동, 청소년 대상 성범죄의 발생 사실을 알게 된 때 즉시 수사기관에 신고해야한다.

또한 '성폭력 방지 및 피해자보호 등에 관한 법률' 제9조도 19세 미만의 미성년자를 보호하거나 교육 또는 치료하는 시설의 장 및 관련 종사자는 자기의 보호, 지원을 받는 자가 '성폭력범죄의 처벌 등에 관한 특례법 제3조부터 제9조까지, 형법 제301조 및 제301조의2의 피해자인 사실을 알게 된 때에는 즉시 수사기관에 신고하여야 한다'고 규정하고 있습니다. 이러한 신고의무를 위반하였을 시 '아동, 청소년의 성보호에 관한 법률' 제67조 제4항에 따라 300만 원 이하의 과태료에 처해질 수 있으며 신고 의무자는 피해자의 의사와 무관하게 성범죄 발생사실을 수사기관에 신고하여야 합니다.

이처럼 성폭력에 대한 신고를 의무화한 이유는 성폭력이 형사처벌이 되는 범죄에 해당할 뿐만 아니라 사건의 밀행성 등 그 특성상 전문적인 수사의 필요성이 있으며, 사건의 축소, 은폐를 방지하고 피해자를 보호하기 위합니다.

미완에서 잘못을 바로잡는 완성을 향해

성폭력 피해학생은 혼란스러운 감정과 정신적, 신체적 충격에 휩싸이게 됩니다. 간혹 부모님 중에는 '왜 더 단호하게 거절의 의사를 표시하지 않았느냐', '그러게 왜 밤늦게까지 돌아다녔느냐'라며 피해학생인 아이를 다그치는 분이 계십니다. 이처럼 피해학생이 잘못한 것처럼 접근하면 아이가 스스로를 비하할 수도 있으므로 성폭력 피해는 아이의 잘못이 아님을 분명히 하고 안정을 취할 수 있도록 도와주시기 바랍니다.

성폭력은 부모님도 낯설고 문제를 어떻게 접근해야 할지, 어떻게 해야 피해를 치유할 수 있는지에 대한 경험이 없습니다. 따라서 필요한 경우 전문 상담기관을 통해 상담과 심리치료를 받도록 하는 것도 아이의 정신적 피해를 회복할 수 있는 방법 중 하나입니다.

성폭력 사건으로 힘든 시간을 보내는 것은 가해학생 부모님도 마찬가지입니다. 가해학생의 부모 입장에서 내 아이가 성폭력 가해자라는 사실은 쉽게 인정하기 어렵습니다. 외면하고픈 현실, 아이가 성폭력 가해자로 낙인찍힐지 모른다는 두려움에 가해학생 부모님은 사건을 덮으려 하고 애써 '아이는 성적 의도가 없었어, 그냥 장난이었을 거야'라고 치부하고 넘어가기도 합니다.

성적 의도가 있었든 없었든, 내 아이가 왜 그런 행동을 하게 되었는지 깊게 고민하고 반드시 아이의 문제를 교정해야 합니다. 부모님의 성교육은 물론 보다 근본적인 해결을 위해 성교육 프로그램 등 전문 상담 기관의 도움을 받는 것도 권유드립니다.

서두에서 미투 운동에 대해 언급하였습니다. 학생들도 용기 내어 목소리를 내었고, 아이들 사이의 성폭력에서 더 나아가 그동안 자행되어 왔던 교사들의 성폭력에 대해서도 세상 밖으로 드러나고 있습니다. 비록 끔찍하고 엉망진창인 세상이었을지라도 우리는 미완에서 잘못을 바로잡는 완성을 향해 한 걸음씩 나아가고 있습니다.

바지 벗기기 놀이
고추 만지기 놀이는 없다,
동성 간 성추행

　　과거 어른들 세대만 하더라도 남학생들 사이에 소위 '바지 벗기기 놀이'가 흔했고 남학생들끼리 성기를 툭툭 치는 장난도 비일비재했습니다. 부모님들은 자신들의 학창시절에 빗대어 생각해서 이와 같은 행위들을 장난 내지 놀이로 치부하고 별다른 지도를 하지 않습니다. 남학생이 여학생에게 신체적 접촉을 하는 일에 있어선 학교나 가정에서 성교육 등 지도가 이뤄지지만 동성끼리는 '친구들끼리 장난인데 뭘'이라며 넘어가는 것입니다.

　　그래서일까요, 실제 성 문제와 관련된 학교폭력 사안들은 남학생들 간의 피해, 가해학생이 되는 경우가 의외로 많습니다. 동성 남학생들끼리 발생하는 성 관련 학교폭력 유형은 대체로 다음과 같습니다.

① 놀이식으로 행해지는 '바지 벗기기'
② 성기나 엉덩이를 손으로 툭툭 치거나 만지기, 혹은 만지는 척하기
③ 성기 비비기 및 구강성교 등 유사 성행위 요구
④ 괴롭히기 일환으로 성기 부위를 때리기

이러한 사례들은 중, 고등학생들뿐만 아니라 초등학교 저학년에서도 나타납니다. '남자애들끼리 성추행이 가당키나 하냐', '성추행으로 몰아가는 게 아이들에게 가혹한 것 아니냐'고 반문하는 학부모님들도 있습니다. 과거 동네 어른들이 귀엽다며 남자아이의 성기를 만지는 행위가 이제는 성추행으로 문제가 되듯이, 과거와 달리 요즘엔 성에 대한 의식도 민감해지고 분명해졌습니다. 바지 벗기기 놀이, 고추 만지기 놀이 역시 누군가에게는 수치심을 주는 일일 수 있습니다. 놀이나 장난이라는 이름하에 암묵적으로 용인되는 시대가 아닙니다.

동성 성폭력은 말하기가 더 어려워요

"남성 성폭행 피해자는 더 힘들 거예요. 소년들과 남자들은 피해자라고 말하기가 더 어렵거든요. 그런 일을 겪은 소녀들이나 여자들이 느끼는 수치심, 죄책감, 두려움을 똑같이 느낄뿐더러 자신의 남성성에 대해서도 의문을 품게 되거든요. 남자라면 강한 존재여야 하는데, 모든 게 혼란스러워지죠. 남성 사이의 성폭행은 신고가 말도 안 되게 적어요. 이야기하기 너무 힘든 일이죠."

미국 고등학교의 학교폭력을 그린 드라마 〈루머의 루머의 루머(13 Reasons Why)〉 시즌2 토크쇼에서 제작 책임자 브라이언과 자문위원의 대화는 피해학생의 심리를 잘 표현하고 있습니다. 한창 미투 운동이 활발하던 당시 한국 사회에서도 '동성 미투'는 다소 생소하게 다가왔습니다. 하물며 성인도 아닌 미성년자인 학생이 동성 친구로부터 겪은 성폭력 피해를 이야기한다는 것은 쉽지 않은 일입니다. 피해학생은 자신이 겪은 일에 대해 혼란스러워하고, 친구로부터 성폭력을 당했다는 수치심, 부모님이 실망하시리란 불안, 남성성이 부정된 것 같은 기분 등 복합적인 감정에 휩싸입니다. 따라서 신체적 폭행, 금품 갈취 등과 같이 동성 간 성추행 등도 '폭력'의 범주로서 아이들이 인식하고, 일반 폭력과 마찬가지로 언제든 피해를 이야기할 수 있도록 사전에 지도하는 것이 필요합니다.

성과 관련한 학교폭력의 징계조치

부모님들은 과거 자신의 학창시절에 빗대어 학교폭력대책심의위원회에 올라가더라도 큰 징계는 내려지지 않을 거라 기대합니다. 하지만 학교는 성추행 등이 연루된 학교폭력에 대해서는 대개 엄하게 다스립니다. 초등학생, 중학생들은 강제전학 처분이, 고등학생은 강제전학에서 퇴학까지 징계가 내려지는 경우들이 있습니다. 이처럼 중징계가 나오는 이유는 성추행, 성폭력이 범죄에 해당하는 행위임과 동시에 피해자 측에서 가해자 측과 한 공간에 있거나 마주치는 것을 두려워하기 때문에 피해자를 보호하기 위해서입니다.

성과 관련한 학교폭력은 학교폭력 징계조치에서 끝나지 않습니다. 성폭력의 경우 학교 측의 신고가 법으로 규정되어 있기 때문에 성 관련

학교폭력은 결국 경찰서에 신고가 되고, 경찰 조사를 거쳐 소년법원에서 보호처분까지 받게 되는 상황이 발생합니다.

'아이가 어린데 성적인 의도로 그랬겠냐'며 학교폭력대책심의위원회나 수사기관, 소년법원에서 의견 진술을 하시는 부모님들이 있습니다. 이는 자녀가 더 중한 처분을 받는 결과를 초래할 수 있으니 주의해야 합니다. 부모님부터가 성에 대한 인식이 부족한데 어떻게 아이를 지도, 훈육할 수 있겠느냐면서 선도 가능성이 없다고 판단하는 것입니다.

동성 간 성추행에 어떻게 대처해야 할까

동성 간 성추행에 대처하기 위해서는 우선 부모님들께서 추행이 무엇인지, 판단 기준을 먼저 알아야 합니다. 신체적 접촉이 모두 추행이 되는 것은 아닙니다. 그래서 법에서는 추행을 판단하는 기준으로 "추행이란 객관적으로 일반인에게 성적 수치심이나 혐오감을 일으키게 하고 선량한 성적 도덕관념에 반하는 행위로서 피해자의 성적 자유를 침해하는 것이고, 이에 해당하는지는 피해자의 의사, 성별, 연령, 행위자와 피해자의 이전부터의 관계, 행위에 이르게 된 경위, 구체적 행위 태양, 주위의 객관적 상황과 그 시대의 성적 도덕관념 등을 종합적으로 고려하여 신중히 결정되어야 한다"(대법원 2014. 2. 27. 선고 2013도16111 판결 등)라고 밝히고 있습니다.

자녀가 피해학생이라면 자녀가 당한 행위가 객관적으로 성적 수치심이나 혐오감을 일으키게 할 정도의 행위인지, 자녀가 성적 수치심을 느꼈는지, 당시 자녀가 그 상황을 어떻게 받아들였는지 등에 대해 깊이 대화를 나누어 파악해야 합니다. 주변에서 친구들끼리 장난인데 왜 일을 크게 만드느냐고 하거나, 어른들이 불편해하는 기색을 보이면 아이들이 피해 사실을 말하기 어렵습니다. 특히 '남자애가 저항도 못 했냐, 왜 여자애처럼 당하고만 있었냐'라는 식의 비난은 절대 해서는 안 됩니다.

자녀가 가해학생이라면 절대 자녀의 잘못을 장난으로 치부해선 안 됩니다. 자녀의 행동이 객관적으로 성적 수치심이나 혐오감을 일으키는 행위인지, 왜 그런 행위를 하게 되었는지 그 경위, 행위 당시 자녀의 의도는 무엇이었는지, 학생들 사이에 어떠한 문화가 형성되어 있었는지 등을 객관적으로 살펴봐야 합니다. 만일 부모님께서 판단하기에 어려움이 있다면 전문가에게 진단을 받아보는 것도 방법입니다.

이성 간 성에 대한 교육과 마찬가지로 동성 간 성에 대한 교육도 아이들에게 이뤄져 문제를 사전에 예방하는 것이 필요합니다. 거듭 말씀드리지만 가장 당부드리고 싶은 말은 피해학생이건 가해학생이건 부모님들이 주관적으로 판단하여 별일 아니라 생각하고 안일하게 대응하면 절대 안 됩니다.

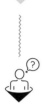

모든 폭력에서 자유로울 권리,
장애학생 학교폭력

"자식의 폭력 사건에 대해 진술하게 되어 괴롭습니다. 우리 아이는 몸보다 마음이 아픈 아이입니다. 부정하고 싶지만 부인할 수 없는 사실입니다. 내 아이가 남에게 맞았다는 소식을 듣고 드디어 올 것이 왔구나, 하는 생각도 했습니다. 하지만 실상은 분노로 어찌할 바를 모르게 하는 행위들이 제 아이에게 가해졌습니다. 아이가 친구들에게 맞고 오는 것을 알았지만 주변 아이들에게 물어보지 않고 아이 스스로 이름을 말할 수 있게 하기 위해 노력했습니다. 현재는 부모가 도와줄 수 있지만 부모인 제가 죽고 나서 더 억울한 일을 당했을 경우 가해자의 인상착의라도 제대로 경찰에 신고할 수 있도록 하기 위해서입니다. 아이의 시선으로 봤을 때 가해자의 키가 큰지, 작은지, 머리카락은 긴지 짧은지, 안경을 썼는지, 또 맞더라도 정신을 바짝 차려서 상대방의 이름표를 보라고 했습니다. 맞은 장소도 어디인지 꼭 기억하라고 가르쳤습니다. 그래서 가해자들의 이름을 알게 되었습니다."

여러 명의 가해학생들로부터 오랫동안 괴롭힘을 당한 지적 장애학생의 아버지가 학교폭력대책심의위원회에서 하신 이야기입니다. 장애학생이 특수학교에 분리되어 교육받지 않고 일반학교에서 비장애학생과 함께 생활하는 통합교육이 확대되었습니다. 장애학생이 학교폭력에 더 취약하다는 점은 굳이 길게 설명하지 않아도 쉽게 예상할 수 있습니다. 장애학생이 학교폭력의 피해자가 되기 쉬우리란 우리의 슬픈 예감은 통계에서도 드러납니다. 국가인권위원회가 2014년 12월에 발표한 조사에 따르면 통합교육을 하는 일반학교에서 장애학생이 학교폭력을 당한 비율은 36.7%나 되었습니다. 일반 학교에 재학 중인 장애학생 10명 중 약 4명은 학교폭력을 경험했다는 수치입니다. 2018년 학교폭력실태조사에서 나타난 전체 학교폭력 피해 응답률이 1.3%이었던 것과 단순 비교하더라도 발생비율이 얼마나 높은지 알 수 있습니다.

2014년 장애학생 교육권증진을 위한 실태조사
국가인권위원회의 발표에 따르면 특수교사, 일반교사, 보조인력, 학부모 등 1,606명을 대상으로 한 조사에서 36.7%가 장애학생의 학교폭력을 경험한 것으로 나타났다.

나와 다르다는 점을 악용한 학교폭력

초등학교 저학년 때 장애학생에게 발생하는 학교폭력은 장애에 대한 인식 부족, 나와 다르다는 것에 대한 두려움과 낯섦에서 비롯됩니다. 그렇기 때문에 주로 장애학생을 놀리거나 회피하는 모습으로 나타나는데 아직 어린 학생들이기에 고의적이라기보다 다름에 대한 이해 부족에서 비롯된 것이므로 훈육과 지도를 통해 개선이 가능합니다.

문제는 장애학생이 나와 다르다는 것을 인식한 이후 발생하는 학교 폭력입니다. 초등학교 고학년만 되어도 학생들은 '장애인'이 무슨 의미인지, 장애학생이 나와 다르다는 것을 인지하고 있습니다. 가해학생들은 이를 악용하여 장애학생을 괴롭힘의 타깃으로 삼습니다. 괴롭혀도 표현을 잘 못하니 신고도 못할 것이고, 뭔가를 지시하였을 때 일반학생이라면 하지 않을 행동도 쉽게 따라하고, 저항도 잘 못한다는 점을 아주 잘 알고 있는 것입니다.

　이러한 특수성 때문인지 장애학생에 대한 학교폭력은 단순 신체 폭행은 물론이고 어른들이 보기에도 혀를 내두를 만큼 악랄한 모습으로 나타납니다.

　예를 들어, 가해자들이 운동장에 중학생인 장애학생을 속옷까지 벗긴 채 나체로 세워 두는가 하면, 성적인 말을 반복해서 하게 시키고 시키는 대로 하지 않으면 신체 폭행을 가한 사례, 초등학교 6학년 여학생들이 지적장애 2급의 동급 여학생을 화장실로 데려가 대변을 먹으라고 시킨 사례(이현수·유숙렬, 장애아동 학교폭력의 문제점과 인권교육의 방향, 장애아동 인권연구, 제3권 제2호, 2012), 중학생인 지적장애 3급의 장애학생이 '경찰'이라는 단어를 무서워한다는 점을 알고 자신들에게 욕을 하게끔 시킨 다음 '욕을 했으니 너는 경찰에게 벌을 받는다. 하지만 우리는 신고하지 않을 테니, 너도 이르지 말고 대신 맞아라'라며 이를 빌미로 집단폭행을 하고 신고하지 못하게 겁을 준 사례 등이 있습니다.

장애학생을 보호하기 위한 학교폭력예방법

자녀가 직접 피해 사실을 이야기하는 경우, 몸에 멍이 있는 등 폭행의 흔적을 발견한 경우, 주변 학생들이 신고하여 드러난 경우 등 여러 경로를 통해 부모님이 학교폭력 피해를 알게 되었더라도 부모님은 여러 고민에 휩싸이게 됩니다. 아이의 진술을 믿어줄까, 사안조사에서 불리하지 않을까, 생각이 듭니다. 그러나 학교폭력예방법에는 장애학생을 보호하기 위한 제도를 곳곳에 마련해놓고 있으니 부모님들이 사전에 이를 알고 적극적으로 활용하셔야 합니다.

장애학생의 범위를 어디까지 인정하고 있는지를 살펴보면 학교폭력예방법은 '장애학생이란 신체적, 정신적, 지적 장애 등으로 장애인 등에 대한 특수교육법 제15조에서 규정하는 특수교육을 필요로 하는 학생'이라고 규정하고 있습니다. 여기에서 더 나아가 교육부는 《2021 학교폭력 사안처리 가이드북》에서 비록 특수교육을 받지 않는 학생이라 하더라도 이러한 장애가 다소 있는 학생의 경우 입법 취지를 고려하여 보다 섬세한 주의를 기울여야 할 대상이라는 점에 유의하도록 명시하고 있으므로 자녀

학교폭력 가중사유

학폭위에서는 가해학생의 징계조치를 판단하는 적용기준에 '피해학생이 장애학생인지 여부'가 가중사유로서 적용되며(학교폭력예방법 시행령 제19조 제5호) 심의위원회는 피해학생 또는 가해학생이 장애학생인 경우 심의과정에 「장애인 등에 대한 특수교육법」 제2조 제4호에 따른 특수교육교원 등 특수교육 전문가 또는 장애인 전문가를 출석하게 하거나 서면 등의 방법으로 의견을 청취할 수 있다(학교폭력예방법 제16조의2 제2항). 심의위원회는 학교폭력으로 피해를 입은 장애학생의 보호를 위하여 장애인전문상담가의 상담 또는 장애인 전문 치료기관의 요양 조치를 학교의 장에게 요청할 수 있다(제3항).

의 특수성이 충분히 반영될 수 있도록 학교 측에 전달하시는 것이 좋습니다.

장애학생 부모님들은 아이의 진술 확보에서부터 어려움을 겪습니다. 일반학생들처럼 자신의 경험과 생각을 진술서를 통해 표현하면 좋으련만, 가해학생을 특정하는 것조차 어려울 때도 있기 때문입니다. 그렇다고 해서 학교에서 장애학생의 진술을 무작정 배척하는 것은 아닙니다. 제가 만났던 장애학생 부모님들은 자녀와 소통할 수 있는 저마다의 대화 방법이 있었습니다.

부모님이 해주셔야 할 일은 학교가 아이의 진술을 확보할 수 있도록 교량 역할을 하는 것입니다. 아이의 진술을 확보하는 방법으로 자녀와 학교폭력 피해 사실에 대해 대화를 할 때 녹음을 해두면 큰 도움이 됩니다. 아이가 진술한 내용을 잊어버리고 또다시 되풀이해서 묻는 상황을 방지할 수 있고, 녹음파일 또는 녹취록 그 자체로 아이의 진술서를 대신하여 학교에 제출할 수 있습니다. 교육부는 전담기구의 사안조사 및 학폭위 심의 시 특수교육 전문가를 참여시켜 장애학생의 의견진술 기회 확보 및 진술을 조력할 수 있도록 하고 있으므로 이를 학교에 요청하시는 것도 한 방법입니다.

장애학생이 학교폭력의 가해학생이 된다면

어느 날 사무실로 한 통의 상담 전화가 걸려왔습니다. 어머니는 자녀와 교실에서 같이 생활하는 정신지체 학생이 교실에 있는 대걸레 등을 휘두르거나 학생들을 때리곤 하는데, 힘도 세서 선생님도 어찌 못한다는 하소연을 하였습니다. 여지껏 자녀에게 참으라고 말했지만 더 이상 참으라고만 할 수 없어 학교폭력으로 신고를 하고 싶은데 가해학생이 지적장애가 있어 망설여지신다는 것이었습니다.

실제로 장애학생이 공격적인 성향, 충동성 억제 부족을 보여 학교폭력의 가해자로 신고되거나, 특이행동으로 인해 의도치 않게 성추행 가해학생이 되는 사례가 늘고 있습니다. 친근감의 표현으로 하는 신체 접촉이 상대방에게는 원치 않는 접촉이 되는 경우, 사춘기에 접어든 장애학생이 다른 학생들에게 성적 수치심을 느끼게 하는 특이행동을 보이거나, 성적 욕구를 해소할 수 있는 적절한 방법을 몰라서 발생하는 경우들도 많다는 점에 주목할 필요가 있습니다.

마냥 장애로 인한 특이행동이라 치부하며 상대방 학생들에게 이해를 강요할 수는 없는 일입니다. 자녀가 학교폭력 가해학생으로 신고되었다면 장애학생의 부모님들은 피해학생일 경우와 마찬가지로 전담기구의 사안조사 및 학폭위 심의 시 특수교육 전문가 참여를 요청하여 장애로 인한 특이행동의 발현이라는 부분이 반영될 수 있도록 합니다. 그러나 이런 이해와 고려가 없이 징계만을 목적으로 하는 학폭위 의결이라든지, 선생님의 장애학생에 대한 신체 체벌이나 강압적인 제지, 학교에서 통합 교실에서의 장애학생 분리, 전학 요구 등을 한다면 이는 국가인권위원회에 진정이 가능한 장애인에 대한 차별일 수 있습니다.(함께 걸음, 교육에서의 장애인 차별 금지, 2018. 6. 20)

다만 학폭위 이후에도 부모님들께서 재발 방지를 위해 어떤 노력을 기울여야 할지 깊은 고민이 필요하다는 말씀을 드리고 싶습니다. 공격적인 성향에 대한 심리치료, 의료적 접근이라든지, 성에 호기심을 보일 때 회피하지 않고 곧바로 개입하여 지도해주기, 성적 욕구에 대한 적절한 해소방법 등 학생별로 접근법은 다양할 것입니다. 중요한 것은 장애학생의 폭력적인 행동 또는 성적인 행위가 제지 없이 이어진다면 교정되지 않은 채 반복될 수밖에 없고, 결국 다른 학생들이 장애학생을 피하여 스스로 고립되는 결과를 초래하게 될 것이라는 점입니다.

통합교육을 하는 목적은 장애학생과 비장애학생이 함께 어울려 지내며 다양성의 존중을 배우고, 더 나아가 장애인이 차별받지 않는 사회의 구성원으로 성장하기 위함에 있습니다. 학창시절은 자녀가 사회로 나아가기 전 친구들과 어울리며 비장애인과 함께 생활하는 것을 배우고 연습하는 기회의 장임을 기억하시길 바랍니다.

모든 폭력으로부터 자유로울 권리

'장애인차별금지법'에서는 장애인은 모든 폭력으로부터 자유로울 권리를 가지며(제32조 제1항), 괴롭힘 등의 피해를 당했을 경우 상담 및 치료, 법률구조, 그 밖에 적절한 조치를 받을 권리가 있음을 명시하고 있습니다.(제32조 제2항) 또 누구든지 장애를 이유로 학교에서 장애인 또는 장애인 관련자에게 집단 따돌림을 가하거나 모욕감을 주거나

비하를 유발하는 언어적 표현이나 행동을 하여서는 안 된다는 점도 함께 규정하고 있습니다.(제32조 제3항)

너무나 당연한 이야기가 법으로 규정된 것은 아닌가 싶다가도 학생들은 물론 특수학교 교사들이 장애학생에게 폭력을 행사하였다는 보도를 보면 이 당연해야 할 이야기가 학교 일선에서는 여전히 뿌리 내리지 못하고 있음을 느낍니다. 장애인차별금지법상의 규정이 종이 위 활자로만 남아 있지 않길, 무지개 언덕 넘어 존재할 법한 이상이 아닌 현실에 자리 잡을 수 있길 바랍니다. 마지막으로 장애를 이유로 폭력을 경험해야 했던 학생들과 부모님께 아일랜드 켈트족의 기도문을 대신하여 마음을 전합니다.

"바람은 언제나 당신 등 뒤에서 불고, 당신의 얼굴에는 항상 따사로운 햇살이 비추길."

잘못된 훈육은 아동학대가 될 수 있다, 교사의 학교폭력

학교폭력이라 하면 가해자와 피해자 모두 학생인 경우로 한 정하여 생각하기 쉽습니다. 그러나 학교폭력예방법 제2조에서 정의하 고 있는 학교폭력이란 '학교 내외에서 학생을 대상으로 하는 폭력'으로 가해자가 학생이 아니더라도 피해자가 학생이면 학교폭력에 해당하며, 이는 가해자가 선생님일 경우에도 예외가 아닙니다.

여러 형태로 나타나는 교사의 학교폭력

교사의 학교폭력은 여러 형태로 나타납니다. 어느 초등학교 담임교사는 한 아이를 지목하여 반 학생들에게 돌아가면서 그 학생을 때리도록 지시했는가 하면 학생들을 향해 '개새끼, 꺼져', '으이씨 귀 처 먹었냐'라는 폭언을 한 교사도 있습니다. 또 다른 초등학교 저학년 담임 교사는 학생들에게 따돌림을 조장한 사례도 있습니다. 해당 교사는 수업에 방해가 된다며 반 학생들에게 영서를 향해 손가락질하며 이름을 소리치도록 지시하였습니다. 그뿐만이 아닙니다. 담임교사는 영서가 친구와 이야기를 하고 놀면 쉬는 시간임에도 시끄럽다며 같이 어울려 노는 학생까지 혼을 냈습니다. 반 친구들은 점점 피해학생을 멀리하였고, 영서의 가장 친했던 친구도 선생님이 교실에 있으면 더는 영서에게 말을 걸지 않아 영서는 외톨이가 되었습니다.

실제 교사의 따돌림이 '아동학대'로 처벌받은 사례도 있습니다. 초등학교 1학년 담임교사가 '일일 왕따'라는 벌칙을 만들어 반 학생들이 숙제를 하지 않았거나, 수업시간에 집중하지 않으면 "너 왕따 해"라며 왕따로 지목하였습니다. 담임교사는 왕따로 지목한 학생이 하교 시까지 쉬는 시간에 다른 친구들과 대화하거나 어울려 놀지 못하게 하였습니다. 심지어 왕따로 지목된 사실을 집에 가서 부모님에게 말하면 배신자라는 취지로 말하기도 하였습니다.

부모님들의 신고로 이와 같은 사실이 밝혀졌고 해당 담임교사는 교육적 차원에서 한 것으로 아동학대의 의도는 없었다고 반박하였지만, 법원은 정서적 아동학대로 처벌을 내렸습니다. 담임교사가 특정 학생을 왕따로 지목하고 다른 학생들이 친구를 왕따 시키는 행위를 하도록 함으로써 학생들에게 왕따 행위를 정당화하거나 왕따를 학습하는 결과를 초래한다는 측면에서 사회 통념상 용인될 수 있는 타당성을 갖추었다고 보기 어렵다는 이유에서였습니다.(2017. 2. 8. 제주지방법원 2016고단887 아동복지법위반 판결)

교사에게 책임을 묻기 어려운 현실

이처럼 학교 선생님의 자녀에 대한 괴롭힘, 따돌림 조장에 대한 문제로 고충을 겪는 분들이 의외로 많이 있습니다. 이런 상황을 겪는 부모님들은 일반 학교폭력보다도 이중, 삼중의 어려움에 직면합니다. 우선 선생님이 학생을 대상으로 따돌림을 한다고 하면 주변에서는 '선생님이 제자를 왜?'라며 부모님이 유난히 예민한 것 아니냐며 색안경을 끼고 사건을 바라보는 경우가 많습니다. 또 아이가 학교에 다니고 있다 보니 선생님에게 더 밉보일까 봐 섣불리 말을 꺼내기도 어려워하십니다. 용기를 내서 교감, 교장선생님 등 상급자에게 이야기해도 학교에서는 자신들의 잘못이 외부로 유출될까 봐 쉬쉬하고 선생님을 감싸는 분위기인데다가 '아이가 앞으로 학교를 잘 다녀야 하지 않겠느냐'며 사건을 무마하려고 합니다.

"느그 아부지 뭐하시노?"

이 대사 한마디만 들어도 교사가 아버지의 직업과 출신을 따져가며 주인공을 무자비하게 구타하던 영화 〈친구〉의 장면이 떠오릅니다. 교사가 학생을 차별하고, 학생에게 욕설을 하고, 체벌이 문제라고 인식조차 되지 않았던 시절이 있었습니다. 교사가 개인적 감정을 학생에게 투영하여 구타와 욕설을 하던 것에서 이제는 체벌을 피해 지도와 훈육이라는 이름하에 교묘하게 정서적으로 학대하는 모습으로 진화한 것입니다. 체벌이 학교에서 금지된 것은 2011년 초, 중등교육법이 개정되면서부터였습니다.

교사의 학교폭력은 '아동학대'입니다

흔히들 '아동학대'라 하면 어린이집에서 영유아를 상대로 발생하는 사건들을 떠올리며 학교에 다니는 학생들에 대해서는 쉽사리 아동학대라 생각하지 못합니다. 그러나 아동복지법 제3조 제1호에 따르면 '18세 미만인 사람'을 아동으로 보고 있고 '아동학대'의 의미에 대해서도 제7호에서 '보호자를 포함한 성인이 아동의 건강 또는 복지를 해치거나 정상적 발달을 저해할 수 있는 신체적, 정신적, 성적 폭력이나 가혹행위'라고 규정하고 있습니다. 만일 교사가 물리적 체벌이나 구타행위를 하였다면 '아동의 신체에 손상을 주거나 신체의 건강 및 발달을 해치는 신체적 학대행위'로서 아동학대로 처벌을 받을 수 있습니다.(아동복지법 제17조 제3호) 그렇다고 물리적 체벌이나 구타행위가 없이 행해지는 교사의 괴롭힘이 책임에서 자유로운 것은 아닙니다. 아동복지법은 '아동의 정신건강 및 발달에 해를 끼치는 정서적 학대 행위' 역시 아동학대로서 금지하고 있습니다.(아동복지법 제17조 제5호)

교사는 물론 부모님이 보시기에도 정서적 학대의 개념이 모호해보일 수 있을 겁니다. 이는 정서적 학대가 워낙 다양한 형태로 이루어지기 때문이기도 합니다. "신체적 학대행위와 달리 언제나 유형력 행사를 동반하는 것은 아니며, 신체적 손상을 요건으로 하지 않는다는 점에서 이에 이르지 않는 유형력의 행사도 정서적 학대행위에 해당될 수 있다. 정서적 학대가 무엇을 의미하는지에 대해 여러 가지 견해들이 있는 이유는 정서적 학대의 유형이 그만큼 다양하기 때문이다. 게다가 정서적 학대는 신체적 학대나 성적 학대처럼 피해자의 신체 등에 흔적을 남기지 않기 때문에, 정서적 학대로 어느 정도의 피해를 입었는지 외부에서 객관적으로 평가하여 정량화하기 어렵다. 그렇다고 이러한 행위에 대한 처벌을 포기할 수도 없는데 정서적 학대는 성인이 된 이후에도 영향을 받을 만큼 그 피해가 일시적이지 않고 장기적으로 지속되기 때문이다"라는 헌법재판소의 결정은 정서적 학대의 피해의 심각성에 깊이 공감하고 있으며 이로부터 아동을 보호하기 위한 법의 의지를 공고히 하는 것이라 하겠습니다.(헌법재판소 2015. 10. 21. 결정 2014헌바266)

'정서적 학대'에 대해 중앙아동보호전문기관에서 들고 있는 유형은 다음과 같습니다.

① 아동에게 행하는 언어적 모욕, 정서적 위협, 감금이나 억제, 기타 가학적인 행위
② 아동을 모멸하거나 무시하는 것과 같이 아동에게 심리적 위해를 주는 언동
③ 아동에 대한 무시나 거부 혹은 애정을 갖지 않거나 칭찬을 하지 않는 것
④ 끊임없이 고함을 치거나 공포를 조성하고 트집을 잡는 행위
⑤ 아동에 대해 극히 부정적인 태도를 가지며 언어적 또는 정서적으로 공격하거나 공격의 위협을 가하는 것

교사의 학교폭력에서 아이를 보호하기 위해

교사의 학교폭력으로 아이가 힘들어하는 상황이라면 우선 교사를 학교폭력으로 신고하는 방법이 있습니다. 학교폭력예방법은 학교장이 피해학생 측의 반대의사 등이 없으면 지체 없이 가해자인 교사와 피해학생을 분리하여야 하며, 피해학생이 긴급보호를 요청하는 경우에는 심리상담 및 조언(1호), 일시보호(2호), 그 밖에 피해학생의 보호를 위하여 필요한 조치(6호)를 내리도록 규정하여 가해 교사로부터 피해학생을 보호하고 있습니다. 학폭위에서는 교사에게 어떤 징계조치를 내리지는 못하지만, 교사의 학교폭력으로부터 피해학생을 보호하기 위한 보호조치를 내릴 수 있습니다. 또 교사가 학폭위에 상정되어 사안조사를 받고, 학폭위에 출석하는 과정만으로도 교사에게 경각심을 줄 수 있다는 효과가 있습니다. 다음으로 학교를 벗어나, 각 교육청 학생인권신고센터에 인권침해로 신고하는 방법, 아동보호전문기관에 신고, 아동복지법위반 등의 형사고소를 통해 교사에 대한 책임을 묻는 방법이 있습니다. 자세한 내용은 5장의 '선생님의 강압적인 조사와 인권침해적인 행동이 있었어요'를 참조하시기 바랍니다. 선생님의 체벌이 당연시되고, 체벌이 잘못된 것인지조차 모르던 시절이 있었습니다. 그러나 잘못된 일이라 인식되기 시작하였고, 마침내 지금의 학생들은 체벌이 금지되는 학교에서 학창시절을 보내게 되었습니다. 따돌림을 방지해야 할 교사가 오히려 따돌림을 조장하는 것은 결코 교육 내지 훈육이라 할 수 없습니다. 잘못된 훈육은 반드시 바로잡아야 합니다.

CHAPTER 5

내 아이도
겪을 수 있는
학교폭력 사례와
대응 방법

학교폭력도 아닌데
학교폭력으로 신고당했습니다

언제부터인가 억울하게 학교폭력으로 신고되어 학교폭력 상담을 요청하는 사례들이 늘기 시작하였습니다. 학생들과 학부모님들 사이에서는 학교폭력을 일컬어 '걸면 걸리는 것이 학교폭력'이라는 말까지 있다고 합니다. 아무 탈 없이 학교생활을 잘하던 학생은 학교폭력으로 신고된 것만으로도 학교폭력 가해학생으로 낙인찍히고, 하지도 않은 일을 했는지 추궁당하며 사안조사를 받으러 불려 다녀야 합니다. 괴로운 것은 부모님도 마찬가지입니다. 혹시라도 아이가 학교폭력 가해학생으로 인정되지는 않을까 전전긍긍하며 학교폭력대책심의위원회 결정 통보서를 받을 때까지 한시도 편할 날이 없습니다. 억울한 학교폭력 신고는 몇 가지 공통점을 갖고 있습니다. 그 공통점은 다음과 같습니다.

① 있지도 않았던 일들에 대해 가해학생이 했다며 증거도 없이 막무가내로 주장한다.
② 학교폭력이라 볼 수 없는 행위에 대해 피해학생이 정신적 손해를 입었으니 학교폭력이라 주장한다.

③ 그동안 잘 지내고 아무런 충돌도 없었는데 지속적으로 괴롭힘이 있었다고 주장한다.

④ 성추행, 집단폭행 등 자극적인 말들로 가해자로 둔갑시킨다.

⑤ 무조건 전학, 아니면 퇴학만을 요구한다.

⑥ 때로는 부모가 직접 학생에게 찾아가 폭력, 협박 등 해코지를 동반하기도 한다.

억울하게 학교폭력으로 신고되었던 사례

초등학교 6학년인 수환이 부모님은 같은 반 친구 재용이 어머니가 갑자기 수환이를 학교폭력으로 신고를 했다는 연락을 받았습니다. 학교폭력 가해행위로 신고한 내용은 다양했습니다. 수환이가 재용이를 따돌렸다, 초등학생으로서 입에 담지도 못할 험한 말을 했다, 재용이 책상에 엉덩이를 비비며 성적 수치심을 느끼게 추행을 했다는 등 내용만 들으면 전학 처분이 나와도 이상하지 않을 정도의 심각한 수준이었습니다.

그러나 수환이는 재용이와 어울리는 친구들이 달라 재용이를 따돌릴 만한 상황이 아니었고, 따돌린 적도 없었습니다. 입에 담지도 못할 험한 말을 했다는 것은 학폭위에서 진술 도중 재용이 어머니가 말실수하여 자신이 지어낸 이야기란 게 들통났습니다. 책상에 엉덩이를 비비며 성추행을 했다는 내용도 신고된 학생이 청소시간에 청소하던 도중 재용이의 책상인지 모르고 아무 책상에 걸터앉았는데, 단지 자신의 책상에 걸터앉은 행위를 들어 추행하였다고 신고한 것이었습니다. 수환이 부모님은 신고된 내용에 대해 논리적으로 반박하고, 목격 학생들의 진술을 확보하여 신고한 학생 측의 주장이 근거 없는 일방적 주장임을 밝혀 다행히 '조치 없음'을 받을 수 있었습니다.

황당한 학교폭력 신고도 있습니다. 'A가 우리 아이 물티슈를 허락도 없이 2장 사용했으니 금품 갈취다', '우리 아이가 교실 에어컨을 껐는데 B가 다시 에어컨을 켜서 우리 아이를 무시했다, 우리 아이는 반 학생들 앞에서 모멸감을 느꼈다, 모욕이고 따돌림이다', 'C가 틱 증상을 가지고 있는데 C의 틱 증상 때문에 우리 아이가 정신이 산만해지고 수업에 집중이 되지 않았다고 한다. 우리 아이가 정신적 손해를 입었으니 학교폭력이다' 등 일단 기분이 나쁘고 불쾌했다고 하면 학교폭력이라고 신고하는 것입니다.

목소리 큰 사람이 이긴다는 잘못된 생각

사실 이러한 신고가 남발하는 것은 일단 학교폭력으로 신고를 하여 신고 학생 측에서 학교폭력대책심의위원회를 열어달라고 요청을 하면 곧바로 학폭위로 넘어간다는 제도를 악용하는 데에 그 원인이 있습니다. 막무가내로 학교폭력으로 신고한 학부모들은 과거에 학교폭력 신고를 하여 소정의 목적을 달성한 경험을 가지고 있을 가능성이 있습니다. 소위 말해 목소리 큰 사람이 이긴다는 식으로, 사안조사가 정밀하지 못한 학폭위의 한계 등으로 어느 정도 자신들의 주장이 받아들여졌거나, 학폭위를 막고자 하는 상대 측에서 무조건 원하는 대로 요구사항을 받아준 경험이 있는 것입니다. 거기에 어떤 요소들이 들어가야 중징계가 나온다는 것을 알고 지속성, 성추행, 집단 괴롭힘 등 자극적인 소재를 끼워넣어 허위 주장을 하기에 이릅니다.

막무가내식 신고, 어떻게 대응해야 할까

신고를 당한 학생 부모님 측에서는 막무가내인 상대 학부모의 태도에 어떻게 대응을 해야 할지 몰라 애를 태웁니다. 이럴 때 조기에 사건을 무마하고자 상대방에게 절절매거나 사과하고, 무리한 요구를 들어주는 대응은 옳지 않습니다. 우선 화해를 시도하고 2~3회 정중히 사과하였음에도 사과를 받아주지 않는다면 더 이상 접촉하지 않는게 좋습니다.

그리고 학폭위에서 강경하게 대응하기 위한 준비를 하는 것이 좋습니다. 강경한 대응이라고 해서 상대방 부모처럼 목소리를 크게 내라는 의미가 아닙니다. 적극적인 해명과 증거 수집, 그리고 학폭위에서 위원들을 설득하는 등 학폭위를 억울함을 해소할 기회의 자리로 만드시길 바랍니다. 학폭위에 상정되기만 하면 무조건 징계처분이 내려진다고 오해하는 부모님들이 계십니다. 하지만 자치위원회 위원들도 학교폭력 사안인지, 아닌지 판단하고 근거 없는 일방적인 주장에 대해서는 '조치 없음'을 내리며, 실제로 '조치 없음'을 받는 사례들도 많이 있습니다.

아니면 말고 식의 학교폭력 신고는 모두에게 피해입니다

일단 신고하고 아니면 말고 식의 학교폭력 신고는 일회성으로 끝나는 일이 아닙니다. 졸지에 신고를 당한 학생 측은 조사과정과 학폭위를 거치면서 엄청난 정신적 스트레스를 겪고 이로 인해 정신과 치료까지 받는 경우도 있습니다. 학교에서도 해당 사건에 에너지를 소모하다 보니 정작 집중해야 할 학교폭력 사안에 집중하지 못하게 되어 실제 보호받아야 할 피해학생들이 보호받지 못할 수도 있습니다. 또한 정말로 학교폭력 피해를 당한 학생들의 신고에 대해서조차 신빙성을 의심받게 됩니다. 결국 무분별한 학교폭력 신고는 비단 신고된 학생뿐만 아니라 도움을 받아야 할 학교폭력 피해학생들, 그리고 학교에도 큰 피해란 것을 잊지 말아야 합니다.

무조건 자발적 전학,
공개사과를 요구합니다

"합의만 하면 학폭위가 열리지 않는다고 해서요."

학교폭력예방법 제13조의2에서는 피해학생 및 그 보호자가 심의위원회 개최를 원하지 않고 경미한 학교폭력의 경우 학교의 장은 학교폭력 사건을 자체적으로 해결할 수 있다고 규정하고 있습니다.

실제로 많은 학교폭력 사건이 양측의 합의가 이루어져 피해학생 측에서 학교폭력대책심의위원회를 원하지 않아서 학교장 자체해결로 종결되기도 합니다.

부모님들은 이러한 사례들을 접하고 어떻게 해서든 학폭위만은 막아보자는 심정으로 상대방 부모님께 매달리게 됩니다. 이처럼 때로는 합의 여부에 따라 학폭위가 열리지 않을 수 있기 때문에 학부모님 입장에서는 피해학생 측 부모님을 어떻게 대해야 하는지 고민되는 것이 사실입니다.

합의 단계에서 요구되는
'공개사과'와 '자발적 전학'

학교폭력 신고가 이뤄지고 다행히 피해학생 측 부모님께서 합의 의사가 있다면, 가해학생 측은 합의 조건을 제시받게 됩니다. 사과하고 재발 방지 약속을 하고 끝나는 경우는 합의가 이루어지지 못할 이유가 없지만, 합의 단계에서 난관에 봉착하는 사례들은 대개 가해학생 측의 다음과 같은 합의 조건 중 하나 이상 제시받았을 때입니다.

① 반 학생들 앞에서 '공개사과'를 할 것
② 학폭위를 열지 않을 테니 '자발적 전학'을 할 것
③ 큰 액수의 '합의금'을 지급할 것

학교폭력예방법에서 '서면사과'는 있어도 '공개사과'는 규정하지 않은 것은 공개사과가 자칫 인권을 침해할 수 있기 때문입니다. 실제 국가인권위원회가 발표한 진정 사건 처리현황에 따르면 학교폭력 사건 가해학생에게 교실에서 사과문을 낭독하게 한 행위는 아동권리 협약을 위반해 헌법이 보장하는 인격권을 침해한 것이라고 하였습니다. 덧붙여 사과문 낭독 조치가 학교폭력 가해학생과 피해학생의 화해와 반성을 유도하려는 교육적 목적 차원에서 이뤄졌다고 하더라도 결과적으로 가해학생에 대한 낙인 효과 가능성이 있다고 설명하고 있습니다.(중앙일보 2018. 5. 29. 학교폭력 가해학생이 교실에서 사과문 낭독 "인권침해", 2018. 5. 29)

물론 자녀가 스스로 공개사과를 할 의향이 있다면 공개사과를 한다고 해서 인권침해가 되지는 않습니다. 다만 아이가 원하지 않는데 합의 조건을 수용하기 위해 강제로 공개사과를 시키는 것은 오히려 자녀에게 정서적으로 악영향을 줄 수 있고 부모님까지 불신하고 마음의 문을 닫는 결과를 초래할 수 있습니다.

우리 측에서 상대방이 요구하는 합의 조건을 기꺼이 수용할 의사가 있다면 합의를 하는 것이 좋습니다. 그러나 아이는 전학을 가기 싫어하는데, 또는 합의 조건이 너무 과하다는 생각이 드는데 오로지 학폭위를 막자고 원치 않는 합의 조건을 수용하는 것은 자녀를 보호하기 위한 현명한 방법이 아닙니다.

합의를 했는데도 학폭위가 열리는 최악의 상황

합의를 했더라도 그때뿐, 결국엔 갈등이 불거지고 학폭위가 열리는 경우도 비일비재합니다. 이는 피해학생 측에서 원하면 무조건 학폭위를 열어야 한다는 현행 학교폭력예방법상의 규정에서 비롯된 것이기도 합니다.

고등학생인 소희는 3명의 친구와 친한 사이였습니다. 1학기 말 때쯤 미선이가 소희를 오해한 일이 있었습니다. 오해에 대해 해명을 했음에도 좀처럼 감정이 가라앉지 않았습니다. 그리고 그 이후로부터 미선이는 소희를 비롯해 소희와 친한 3명의 학생이 자신을 험담하고 따돌린다고 학교폭력으로 신고하였습니다. 미선이는 다른 학생들과 친해서 4명이 따돌릴 수도 없거니와 실제로 어떠한 험담이나 따돌림도 없었습니다. 모두 미선이의 오해에서 비롯된 것이었습니다. 그럼에도 4명 학생들의 부모님들은 오해를 풀고 화해하기 위해 미선이 부모님께 사과의 말씀을 드렸습니다. 미선이 부모님은 따돌림의 주동자가 소희라며 소희가 자발적으로 전학을 가면 학폭위에 상정하지 않겠다고 하였습니다. 소희 부모님은 미선이와의 갈등으로 학업에 지장을 줄 수도 있고, 입시에 악영향을 끼칠 수 있는 학폭위만은 막자는 심정으로 고민 끝에 자발적 전학을 선택하였습니다. 그리고 8개월 후, 겨우 새로운 학교에서 적응하며 학업에 매진하던 소희에게 청천벽력과 같은 소식이 들려왔습니다. 결국 미선이 측에서 소희를 학교폭력으로 신고했다는 것이었습니다. 전학을 간 이후로는 이전 학교에서 무슨 일이 있었는지도 모르는 소희와 소희 부모님으로서는 당황할 수밖에 없었습니다.

전학까지 갔는데 무슨 학교폭력 신고냐, 학교 측에 항의를 해보았지만 신고자가 피해를 당했다고 신고하면 무조건 학폭위가 열려야 한다는 대답만 돌아올 뿐이었습니다. 다행히 반 학생들에 대한 사안조사 결과 전부 미선이의 오해에서 비롯된 것일 뿐, 실제 4명의 학생들이 따돌림을 행사하였다거나 이를 목격한 학생들이 없다는 것이 밝혀져 4명 모두 '조치 없음' 처분을 받게 되었습니다.

만일 소희 부모님께서 무조건 학폭위를 막겠다고 생각하시기보다는 실체가 없는 따돌림에 대해 학폭위에 적극적으로 표명했다면 당시 학폭위가 열렸더라도 조치 없음을 받고, 전학을 가지 않아도 되었을지 모릅니다. 부모님들께서는 학폭위에 가기만 하면 무조건 징계처분을 받는다고 오해하고 계신 분들이 있는데 실제로 학교폭력이 아니라고 판단되어 '조치 없음' 결정을 받는 사례들도 많습니다. 자녀가 정말로 잘못을 하지 않았더라면 무조건 학폭위를 막겠다고 생각하지 말고, 오히려 학폭위를 누명에서 벗어날 기회로 삼아야 합니다.

피해학생 부모님이
과도한 피해보상을 요구해요

가해학생 부모님이 학교폭력으로 피해학생에게 발생한 치료비나 경제적 손해에 대한 책임을 져야 하는 건 당연합니다. 그리고 피해학생 측에서 이와 관련한 합의 의사가 있다면 가해학생 측에서도 조기에 사건을 마무리 지을 수 있고, 피해학생 입장에서도 조속히 피해 회복에 집중할 수 있기 때문에 적정한 합의금으로 의견이 일치된다면 합의를 하는 것이 좋습니다. 합의 단계에 앞서 부모님들이 늘 궁금해하시는 것이 있습니다. 합의금을 얼마로 해야 적정하냐, 피해학생 측이 요구하는 합의금이 너무 과하지 않은가 하는 것입니다. 합의금은 말 그대로 양측이 합의해서 결정하는 사안입니다. 따라서 비슷한 학교폭력 사건이라도 100~200만 원에 합의가 이루어지는 경우도 있는 반면, 다른 누구는 가해학생 부모님이 기꺼이 부담하겠다고 수천만 원을 지급하기도 합니다.

　다급히 상담을 요청하셨던 한 가해학생 어머니의 내용은 이랬습니다. 피해학생이 전치 3주의 상해를 입었는데 피해학생 측에서 당장 지정일까지 합의금 8,000만 원을 지급하지 않으면 고소장을 몇 날 몇 일에 경찰서에 접수하겠다는 연락을 받았다는 것이었습니다. 전치 3주에 8,000만 원이면 상식적인 선에서 통상적으로 지급하는 금액은 결코 아닙니다. 금액이 과하다고 말씀드렸지만 이 어머니는 8,000만 원을 지급해서라도 아이가 경찰서에 출석하는 일만은 반드시 막고 싶다고 하셨습니다. 결국 그 어머니는 8,000만 원을 합의금으로 지급하셨습니다. 이처럼 가해학생 부모님이 바란다면 아무리 과한 금액이라도 합의는 될 수 있습니다.

　그러나 위 사례처럼 과도한 합의금을 지급할 수 있는 여력이 있는 가정은 거의 없습니다. 또한 과도한 피해보상 요구는 자칫 가해학생이 책임져야 할 범위를 넘어선 부분까지 모두 가해학생 잘못으로 해석될 여지가 있습니다. 실제 무리한 피해보상을 요구한 사례들을 보면, 밑도 끝도 없이 후유증이 생겼다며 아직 발생하지도 않은 후유증까지 모두 보상하라고 요구한 경우들이 많았습니다. 평생 장애를 얻게 되었다, 성인이 되어 성형을 해야 한다, 시력을 잃었다, 아이가 입원했다는 주장을 합니다. 따라서 과도한 요구라는 생각이 들면, 관련 진단서나 의사 소견서, 검사 결과지 등을 정중하게 요구하시고 이를 확인한 후에 합의 여부를 결정하셔도 늦지 않습니다.

　만일 상대방 측에서 이러한 객관적 근거를 보여주는 것을 거부하거나 자신들을 의심하는 거냐며 화를 내는 상황이라면 부모님께서 왜 이러한 근거를 요청하는 것인지, 가해학생 측에서 판단한 적정한 합의금은 어느 정도인지, 그리고 객관적인 근거가 없는 상태에서는 우리가 판단한 합의금 이상의 지급은 어렵다는 의사를 분명하고 정중하게 전달하시는 것이 좋습니다. 가해학생 측이 제시한 합의금을 원치 않는다면 피해학생 측에서는 다시 합의금을 조율하거나 그렇지 않으면 합의 대신 학교안전공제회나 민사소송을 통해 손해배상 청구를 할 수 있습니다. 학교안전공제회는 자체적인 심의를 거쳐 요구하는 치료비 등이 적정한지, 인과관계가 있는지 파악하기 때문에 과도한 손해배상 청구에서 자유로울 수 있습니다. 막상 민사소송을 하더라도 객관적 근거로서 주장해야 하기 때문에 상대방 측에서 섣불리 과도한 금액을 요구하기란 어렵습니다.

피해학생 측에서 가해학생 부모님에게 3억 원을 청구한 민사소송이 있었습니다. 이런 사건은 가해학생 부모님이 3억 원을 지급하는 것도 사실상 불가능하고 소송을 통해 방어할 수밖에 없는 사건입니다. 지속적인 학교폭력에 평생 장애까지 입은 경우라면 3억 원이라는 금액도 납득이 가지만 해당 사건은 일회성에 우발적으로 일어난 데다가 피해학생이 크게 다친 건도 아니었습니다. 가해학생의 폭력으로 인해 입원했다는 주장도 입원 진료 내역서를 보니 알레르기 천식이라고 나와 있었습니다. 학교폭력 사안과 무관한 피해학생의 원래 앓던 질환까지 모두 가해학생에게 책임을 묻는 것을 피해학생이라고 해서 마냥 다 들어줄 수만은 없는 일입니다.

합의금은 사건의 경위, 전후 사정, 학생이 다친 정도, 부모님의 경제적 사정 등을 고려해야 하므로 일률적으로 적정한 금액이 얼마라고 단정 지어 말씀드리기는 어려운 것이 사실입니다. 다만 분명한 것은 적정한 합의금은 있다는 점입니다. 부모님께서 판단하기 어려우시다면 변호사나 손해사정사 등 전문가와 상의해보시는 것도 방법입니다.

선생님의 강압적인 조사와
인권침해적인 행동이 있었어요

학교폭력 사안을 다루는 과정에서 학생의 인권을 침해당했다고 호소하는 학생과 부모님들이 많습니다. 학교폭력이 발생하면 사안 조사에서부터 선생님과 학생, 부모님을 대상으로 하는 면담이 진행되면서 서로 간의 접촉이 잦아집니다. 그러다 보니 알게 모르게 학생의 인권을 침해하는 일이 발생하는 것입니다.

녹음 파일에 고스란히 담긴
담임선생님의 폭언

초등학생인 대원이 부모님은 어느 날 담임선생님으로부터 연락을 받았습니다. 대원이가 학교폭력을 행사했으니 학교폭력대책심의위원회가 열릴 것이라는 연락이었습니다. 무슨 일인지 듣기 위해 대원이에게 자초지종을 물었더니 대원이는 부모님께 녹음기를 건네주었습니다. 부모님은 녹음을 듣고 경악하지 않을 수 없었습니다. 담임선생님이 교실에서 반 학생들이 모두 있는 가운데 대원이를 향해 학교폭력을 했다며 폭언을 하고, 반 학생들에게 그동안 대원이가 잘못했던 점을 공개적으로 이야기하라며 소리쳤던 겁니다. 담임선생님이 원하는 대로 사실과 다르게 진술서를 고쳐 쓰도록 몇 번이나 대원이에게 재작성을 강요하는 대화 내용도 고스란히 담겨 있었습니다. 사실 부모님은 예전에 비슷한 경험을 한 뒤 평소에 대원이에게 학교에서 무슨 일이 생기면 녹음을 하라고 지도를 하며 항상 대원이가 녹음기를 몸에 소지하게 하셨고, 대원이가 녹음기를 눌러 담임선생님의 언행을 녹음했던 것입니다. 다음 날 대원이 부모님은 담임선생님을 찾아갔습니다. 이러한 내용을 대원이에게서 들었다고 하자 선생님은 그런 사실이 없다고 발뺌하기에 바빴습니다. 할 수 없이 당시 현장을 녹음한 파일이 있다고 하자 그제야 선생님은 잘못을 시인하였습니다.

교사와의 갈등 양상

학교폭력 사건 진행과정에서 학생 측과 교사 간에 갈등이 생기는 경우가 생각보다 많습니다. 사안조사 과정 중에 선생님이 가해학생에게 윽박지르거나, 사안조사가 채 이루어지기도 전에 가해학생으로 몰아간다거나, 수업시간에 사안조사를 이유로 불러내어 수업권을 박탈하고 체벌을 하는 경우도 있습니다. 담임선생님 혹은 학교폭력 담당 교사와 학부모님 사이의 갈등이 학폭위 결과에 반영되어 가해학생에게 보복성 중징계가 내려지는 경우도 있습니다. 때로는 학교폭력 사안이 아님에도 학생과 학부모님과의 갈등에 대해 보복성으로 학교폭력이라고 몰아가며 학폭위를 개최하는 사례도 있습니다. 학생 측과 교사와의 갈등 양상을 정리하면 다음과 같습니다.

① 학교폭력 담당 교사가 사안조사 과정 중 학생에게 윽박지르고 수업권을 박탈하는 등 인권침해를 한다.
② 담임, 학교폭력 담당 교사와 부모님 간 갈등이 학폭위 결과에 영향을 주어 보복성 중징계가 내려진다.
③ 학생, 학부모와 갈등으로 인해 학교폭력이 아닌 행동을 학교폭력으로 몰아가 가해학생으로 낙인찍히도록 한다.
④ 담임, 학교폭력 담당 교사가 학폭위 과정에서 알게 된 내용을 유포하여 학생의 명예를 훼손한다.

일례로 담임교사가 아이를 체벌하고, 인권침해적인 발언을 하여 부모님이 형사고소를 제기하였더니 담임교사가 반 학부모들에게 해당 아이를 학교폭력 가해학생으로 신고하도록 주도한 사건이 있었습니다. '그 아이가 문제를 일으키는 학생이기 때문에, 학교폭력의 가해를 저지르는 못된 학생이기 때문에 훈육 차원에서 지도가 불가피하였다'고 자신의 행동을 정당화하기 위한 것이었습니다. 실제 학교폭력으로 신고한 학부모들은 집단으로 행동하며 '담임교사의 형사고소 건을 취하하면 학교폭력 신고를 취소해주겠다'는 조건을 걸어 노골적으로 고소 취하를 요구하기도 하였습니다. 아이를 볼모로 한 비교육적 처사가 아닐 수 없습니다.

학교폭력 비밀 누설은 범죄다

학교폭력예방법에서는 '비밀누설금지'를 규정하면서 이를 어길 시 처벌까지 받도록 규정하고 있습니다.

이처럼 별도로 비밀누설금지 조항을 두고 준수하도록 하는 이유는 추가적인 분쟁과 갈등을 사전에 방지하고, 피해학생과 목격학생 등을 보호하기 위함은 물론 누군가가 학교폭력에 연루되었다고 유포될 시 주변에서 부정적으로 인식하게 되는 등 그 파급력이 상당하므로 이를 예방하기 위한 목적에 있습니다. 실제로 담임교사, 학교폭력 담당 교사가 학교폭력 사안조사 과정에서 알게 된 내용을 유포하여 학생의 명예를 훼손하였고, 부모님이 이를 형사고소 하여 명예훼손과 학교폭력예방법위반으로 처벌을 받은 사례도 있었습니다.

> **학교폭력예방법 제21조**
> 이 법에 따라 학교폭력의 예방 및 대책과 관련된 업무를 수행하거나 수행하였던 자는 그 직무로 인하여 알게 된 비밀 또는 가해학생·피해학생 및 제20조에 따른 신고자·고발자와 관련된 자료를 누설하여서는 아니 된다.

교사의 인권침해에 대처하는 3가지 방법

　　자녀로부터 선생님의 강압적인 사안조사, 체벌 등 인권침해적인 행동을 들었다면 당장 학교에 찾아가 선생님과 교장, 교감에게 항의하고 싶은 마음부터 들 겁니다. 물론 담임, 교장, 교감 선생님에게 잘못된 부분을 지적하고 학교 측의 의견을 들어보는 일이 선행되어야 할 것입니다. 다만 학교와 교사가 잘못을 인정하지 않았을 때 학부모님께서 폭언과 폭행까지 행사하는 경우가 왕왕 발생하니 감정적으로 대응하지 않도록 주의해야 합니다. 선생님이 잘못을 인정하지 않는다면 일단 시정을 요구하고, 징계나 형사고소, 민사상 손해배상청구 등 책임을 물을 수 있는 여러 방법을 고민해볼 수 있습니다.

　　먼저 학생 인권침해를 신고할 수 있는 방법입니다. 지역별 교육청에는 '학생인권조례' 및 그에 따른 '학생인권교육센터'를 별도로 마련하고 있습니다. 학생이 인권을 침해당하였다거나 침해당할 위험이 있는 경우에는 학생을 비롯하여 누구든지 구제신청을 할 수 있습니다. 구체신청이 발생하면 학생인권교육센터에서는 피해 당사자의 동의를 얻어 사건을 조사하고, 교육청 및 학교 등에 자료를 요청하거나 관계인에게 질의를 통해 사안을 확인합니다. 필요시에는 학교 등 현장 방문조사를 할 수도 있습니다. 사안조사 후 학생 인권침해 행위가 확인되면 행위의 중지, 인권회복 등 구체조치, 인권침해에 책임이 있는 사람에 대한 주의, 인권교육, 징계 등의 조치, 재발을 방지하기 위해 필요한 조치 등이 이루어지게 됩니다.

교육공무원법 제51조 제1항, 국가공무원법 제78조 제1항에서는 교원이 직무상 의무를 위반하거나 직무를 태만히 한 때, 직무의 내외를 불문하고 그 체면 또는 위신을 손상하는 행위를 한 때, 교육기관, 교육행정기관, 지방자치단체의 장이 징계위원회에 징계 의결을 요구하여야 한다고 규정하고 있습니다.

피해학생과 부모님이 징계 의결에 대한 어떠한 결정권이 있는 것은 아니지만 피해사실을 알리고, 관련 증거를 제출하여 징계위원회 의결을 촉구할 수 있다는 점에 있어서는 의미가 있습니다.

다음으로 형사고소를 하는 방법이 있습니다. 체벌을 당했다면 폭행죄나 폭행으로, 상해까지 입었다면 상해죄, 학생들 앞에서 욕설이나 폭언, 모멸감을 주는 이야기를 했다면 모욕죄, 진술서를 자기 생각에 반하여 다시 쓰도록 강요하였다면 강요죄, 학교폭력 사안과 관련하여 비밀을 누설하거나, 명예를 훼손하였다면 명예훼손 및 학교폭력예방법위반으로 형사고소가 가능합니다.

마지막으로 민사소송을 통해 교사에게 손해배상청구를 할 수 있습니다. 교사의 인권침해 등의 행위에 대해 감독을 게을리하였다는 이유로 학교장 및 총 책임자인 지방자치단체 교육감에게 함께 손해배상청구를 하기도 합니다. 교사의 행위로 인해 자녀가 병원 치료를 받았다면 병원 치료비를, 그리고 아이가 입었을 마음의 상처와 부모님들이 입은 정신적 피해에 대한 위자료를 함께 청구할 수 있습니다.

잘못을 인정하지 않는 교사에
두 번 상처받는 엄마 아빠들

대부분 선생님들은 학교 현장에서 열심히 고군분투하고 계십니다. 일부 교사들의 잘못된 언행으로 모든 선생님이 오해를 받는 것 같아 학교폭력을 담당하는 변호사로서도 안타까울 때가 많습니다. 하지만 행정자료를 유출한다든지, 권위주의적 사상으로 아이들에게 상처를 준다든지, 범죄에 해당하는 행위까지 서슴지 않는 교사들이 여전히 있습니다. 그리고 부모님들은 끝까지 잘못을 인정하지 않는 교사들에게 두 번 좌절하게 됩니다.

'김영란법' 시행으로 촌지는 물론 선생님께 드리던 선물도 이제는 주고받을 수 없게 되었습니다. 관행처럼 불법이 행해졌던 학교에 법의 잣대가 들어온 이유는 권위주의를 탈피하여 학교에서도 공정성이 앞서야 한다는 사회적 인식에서 비롯된 것입니다. 법과 제도 내에서 학생의 인권을 보호할 장치들이 있다는 사실을 기억하시길 바랍니다.

학교에서 학교폭력 사건을
감추려고 해요

"학교폭력 피해자인데 학교에서 쉬쉬하고 감추려고 합니다."

학교폭력 피해로 상담을 오시는 분 중에 이런 하소연을 하시는 분들이 있습니다. 가해학생, 목격학생들이 쓴 진술서를 보여주지 않는다거나, 화해를 종용하려고 하는데 아무래도 흐지부지 사건을 종결지으려고 하는 것 같다는 겁니다. 피해학생 입장에서는 학교에서 적극적으로 도와줄 것이라 생각했는데 학교가 왠지 사건을 감추려고 한다거나, 사안 조사에 의욕이 없는 것 같거나, 정보를 주지 않는다는 생각이 들 수 있습니다. 학교는 정말로 사안을 감추려고 하는 것일까요?

사실 학교는 단지 정해진 법과 절차에 따라 행동하고 있을 뿐일지 모릅니다. 우선 학교는 **비밀누설금지의무**에 따라 가해학생, 피해학생, 신고자, 고발자, 목격학생과 관련된 자료는 어떤 것이든 누설할 수 없습니다. 그렇기 때문에 가해학생 측에서 어떤 진술을 하였는지 등은 열람할 수 없는 것이 원칙입니다. 마찬가지로 가해학생 측도 피해학생 측의 진술서를 열람할 수 없습니다.

아울러 혹시나 특정 학생 편을 드는 것처럼 비치거나, 학생들 간에 추가적인 분쟁을 방지하려는 목적도 있습니다. 목격 학생들의 진술서를 보여줬다가 목격 학생들에 대한 2차 가해나 원망, 목격 학생에게 접근하여 진술을 번복해달라고 하는 경우까지 발생하기 때문에 이들을 보호하기 위한 측면도 있습니다. 따라서 적법한 절차에 따라 사건을 진행하는 경우, 학교가 사건을 은폐하려는 것이 아니라 규정을 따라야 하기에 불가피하게 학부모의 요청을 들어줄 수 없다는 걸 인정해주셔야 합니다.

> **학교폭력예방법 시행령 제33조**
> 법 제21조 제1항에 따른 비밀의 범위는 다음 각 호와 같다. 1. 학교폭력 피해학생과 가해학생 개인 및 가족의 성명, 주민등록번호 및 주소 등 개인정보에 관한 사항 2. 학교폭력 피해학생과 가해학생에 대한 심의·의결과 관련된 개인별 발언 내용 3. 그 밖에 외부로 누설될 경우 분쟁당사자 간에 논란을 일으킬 우려가 있음이 명백한 사항

실제로 학교에서 학교폭력을 축소, 은폐하는 경우도 있습니다

반면, 학교폭력 사안을 진행하고 상담을 하다 보면 학교에서 정말로 사안을 축소, 은폐하려고 하는 경우들도 있습니다. 학교가 사건을 축소, 은폐하려는 이유는 여러 가지가 있습니다. 예를 들어 '학교폭력 예방도 못한 선생님'으로 비난받을 것이 두려운 교사, 학교폭력 발생 자체를 불명예로 여기는 학교, 가해학생 학부모의 사회적 영향력 등 선생님의 개인적인 동기에서부터 해당 학교의 풍토까지 원인은 다양합니다. 이런 현실을 고려하여 학교폭력예방법에서는 학교폭력을 알게 되

면 즉시 신고하도록 의무화하였고 학교에서 학교폭력 신고를 접수하면 8시간 이내에 교육지원청에 보고하도록 하고 있습니다. 그럼에도 잊을 만하면 학교폭력 축소, 은폐 관련 기사가 보도되는 것을 보면 여전히 학교폭력 사건을 축소, 은폐하려는 시도가 많은 것으로 보입니다.

교사가 학교폭력을 축소, 은폐하는 행위는 불법입니다. 전학생이었던 한 피해학생은 5월부터 같은 학교 학생들 10여 명으로부터 폭행, 강제추행 등 괴롭힘에 시달렸습니다. 그때마다 피해학생은 학교 선생님들에게 수차례 도움을 요청하였지만 학교에서는 별다른 조치를 하지 않았고 괴롭힘은 한 달여간 지속되었습니다. 결국 다른 친구들과 싸우도록 강요를 당한 피해학생은 입술이 터지고 얼굴이 찢어지는 등 전치 3주의 상해를 입었고, 급성 스트레스 장애까지 진단을 받아 학교를 휴학해야만 했습니다. 생활지도부장 교사는 가해학생들을 불러 '때렸다고 하지 말고 그냥 툭툭 쳤다고 말해라', '일주일에 한 여섯 번 때렸으면 그렇게 말하지 말고 한 두세 번만 때렸다고 말해라', '성추행 사실에 대해서 만졌다고 하지 말고 그냥 스쳤다고만 해라'라고 지시하였습니다.

이에 대해 법원은 "생활지도부장은 학교 교사로서 학생을 보호, 감독할 의무가 있을 뿐 아니라 생활지도부장으로 학교폭력이 발생한 경우 이를 조사하고 피해 정도와 범위를 밝혀 적절한 조치를 취할 업무를 담당하고 있으므로 피해사실을 정확하게 파악하여야 할 주의의무가 있음에도 불구하고 오히려 가해학생들에게 피해학생에 대한 폭행이나 성추행 등이 없거나 아주 약한 정도에 불과하였던 것으로 보일 수 있도록 사실과 달리 진술하라고 하였음이 인정된다. 교사의 학생 보호 의무는 사회나 환경, 또는 물리적인 위험에서 신체적인 안전을 보호하는 것뿐만 아니라 사실과 다른 부당하거나 불리한 처우나 조치를 받지 않도록 보호할 의무도 있다고 볼 수 있는 점, 학교에서 일어난 폭행 등에 대하여 사실관계 조사나 사후 조치에 대해서 학생이나 학부모로서는 교사를 전적으로 신뢰할 수밖에 없으며 여기에 더하여 생활지도부장으로서 피해학생과 학부모에 대하여서도 사실을 밝혀야 할 책임을 부담한다고 볼 수 있는 점 등을 고려하면 피해학생과 학부모는 생활지도부장 교사의 주의의무 위반으로 인해 정신적 고통을 당하였다고 인정된다"(부산지방법원 2017. 4. 26. 선고 2016가단 302294 손해배상 판결)며 교사가 학교폭력을 축소, 은폐하는 행위는 불법행위임을 인정하고 손해배상 책임까지 묻고 있습니다.

학폭위를 열어주지 않는 것도 위법입니다

학교폭력예방법은 학교폭력 피해학생의 보호, 가해학생의 선도, 교육 등을 목적으로 하고 있고, 이러한 목적을 달성하기 위하여 피해학생 또는 학부모님에게 학폭위의 소집을 요청할 권리(제13조 제2항 제3호)와 피해사실 확인을 위하여 전담기구에 실태조사를 요구할 권리(제14조 제5항) 등을 부여하고 있습니다. 학교장은 학교폭력 신고를 받으면 지체 없이 전담기구 또는 교원으로 하여금 가해 및 피해 사실 여부를 확인하도록 할 의무를 규정하고 있습니다. 이러한 규정에 따라 실제

행정법원에서는 학부모님이 학교폭력을 신고하였음에도 신고를 무시하고 아무런 조치를 취하지 않은 학교장에 대해 위법하다고 확인하기도 하였습니다.(서울행정법원 2018. 2. 1.선고 2017구합69298 부작위 위법확인 판결)

학교에서 쉬쉬하고 감추려고 한다면

학교폭력예방법은 피해학생 측에서 학교폭력대책심의위원회 개최를 요청하면 교육(지원)청은 의무적으로 학폭위를 개최하도록 규정하고 있습니다. 따라서 학교폭력 사안이 발생하였음에도 학폭위를 개최하지 않으려는 움직임이 있다면 학교에 분명하게 '서면'으로 학폭위 개최를 요청하는 것이 좋습니다. 특별히 서면으로 개최 요청을 하라고 말씀드리는 이유는 나중에 학교폭력 축소, 은폐가 법적 분쟁으로 나아가게 되었을 때 피해학생 측에서 학폭위 개최 요청을 하였다는 입증자료로 삼을 수 있기 때문입니다.

관할 교육지원청 학교폭력 담당 장학사에게 학교에서 신고접수를 하지 않으려는 상황을 설명하고 시정이 이루어질 수 있도록 하는 것도 방법입니다.

학폭위 결과가 '조치 없음' 내지 경미한 조치가 내려졌다면 학교 관할 시, 도 교육청 **행정심판위원회**에 행정심판을 청구할 수 있습니다. 만일 행정심판에서도 청구가 기각된다면 행정소송까지 불복절차를 진행할 수 있습니다. 그 외에 해당 시, 도 교육청 감사관실에 감사청구를 하여 학교의 학교폭력 축소, 은폐에 대한 감사, 조사가 이루어지도록 할수 있고, 사안조사 과정 등에서 학교폭력을 축소, 은폐하거나 시도한 관련 교사에 대해 직무유기, 직권남용, 권리행사방해, 명예훼손, 허위공문서 작성, 허위공문서 행사죄로 형사책임 및 손해배상청구 등 민사책임을 물을 수 있습니다.

"학교폭력으로 신고를 하면 피해학생이 더 힘들어질 겁니다"

가해학생의 진정한 사과나 반성, 재발 방지에 대한 약속이 있다면 화해하는 자리를 마련하고 중재를 권유하는 것이 학생들을 위해서 마땅히 선행될 법한 일일 것입니다. 그러나 가해학생들의 진정한 사과나 반성이 없음에도 화해를 종용하고, '학교폭력으로 신고를 하면 오히려 피해학생이 상처를 입게 될 것이다', '학교생활이 힘들어질 것이다'는 이유로 신고를 만류하는 학교들이 있습니다.

과연 정말로 피해학생을 위하는 것일까요? 글쎄요, 저에게는 앞으로 학교생활 힘들지도 모르니 신고하지 말라며 일종의 '겁'을 주는 것으로 들립니다. 학교에서 피해학생 측을 설득하기 위해 많이 하는 이야기 하나가 있습니다.

"가해학생도 피해학생도 다 우리 학교 학생이잖아요."

맞는 이야기입니다. 하지만 이는 범죄의 피해자에게 '가해자도 대한 민국 국민이니 눈감아주자'라는 말과 별반 다르지 않게 들립니다. 참으로 공허한 이야기입니다. 가해학생의 선도 내지 교육은 가해학생 부모님의 몫이자 학교의 몫입니다. 학교와 가해학생 부모님의 몫을 피해학생 측에 요구하는 것은 바람직한 해결방법이 결코 아닙니다.

목격자가 입을 다물어요,
우리 아이가 목격자가 되었어요

　　한 학생이 학교폭력 현장에 있었습니다. 목격학생일까요, 학교폭력에 가담한 가해학생일까요?

　　초등학교 남학생이 화장실에서 여학생을 성추행하는 동안 이를 옆에서 지켜본 학생이 있었습니다. 직접적인 성추행을 한 학생에게는 전학 처분이, 성추행을 옆에서 지켜본 학생에게는 학급교체 처분이 내려졌습니다. 옆에서 지켜본 학생의 부모님은 아이가 가해학생을 따라 화장실에 간 것은 맞지만 막연한 두려움과 미숙한 판단으로 알리지 못한 것일 뿐, 지켜본 행위만으로 학교폭력에 해당하지 않는다고 주장하며 불복 절차를 밟았습니다. 그러나 교육청 행정심판위원회를 비롯한 대구지방법원과 대구고등법원은 학교가 옆에서 지켜본 학생에게도 학교폭력 가담자로서 징계처분을 내린 것이 적법하다는 판결을 내렸습니다.

　　부모님들은 의문을 품습니다. 어디까지가 목격학생이고, 어디까지가 학교폭력의 가담학생이라는 것일까요. 단지 친구들을 따라 학교폭력 현장에 간 것이었는데 우리 아이까지 학교폭력 가해학생이라니 부당하다며 상담을 요청하시는 부모님들이 있습니다. 또 정말로 우연히 학교폭력 현장을 목격하게 되었는데 그곳에 있었다는 이유만으로 학교폭력 가해학생으로 몰리는 것은 아니냐며 걱정하시기도 합니다.

목격학생과 가담학생에 대한 명확한 기준은 없다

　　학교폭력예방법은 학교폭력 가해학생을 '가해자 중에서 학교 폭력을 행사하거나 그 행위에 가담한 학생'이라고만 규정하고 있습니다. 목격학생과 가담학생에 대한 명확한 기준이 없는 것이 현실입니다. 그동안 제가 경험한 바를 토대로 목격학생과 가담학생에 대한 기준을 정리하면 다음과 같습니다.

　일단 사전에 알았는지, 몰랐는지가 중요합니다. 학생들끼리 피해학생을 몇 시까지 특정 장소에 나오게 하자고 사전에 이야기하였습니다. 그리고 사건 현장에서 직접 때리지 않았지만 가해학생 일부가 피해학생을 폭행하는 가운데 주변을 감시하거나 폭행을 지켜보았다면 학교폭력 가담학생이 됩니다. 또 구타와 같은 구체적인 행위를 사전에 예측하지 못했더라도 가해학생이 피해학생을 겨냥하여 공격할 것이 어느 정도 예상되었음에도 현장에 갔다면 이 역시 가담학생에 해당합니다. 그러나 지나가던 길에 우연히 현장을 목격하였거나, 가해학생의 행위를 목격하게 됐다면 이는 목격학생일 뿐 가담학생은 아닙니다. 정리하자면 사전에 모의하였는지, 학교폭력이 발생할 것이 예상되었는지 유무가 판단 기준이라 할 수 있습니다.

다만 우연히 학교폭력 장면을 목격하였더라도 가담학생이 되는 경우가 있습니다. 바로 목격한 학생의 반응이나 태도에 따라 달라지는데 우연히 가해학생의 폭력 장면을 보게 되었지만, 그 과정에서 피해학생을 향해 비웃거나 조롱하는 모습을 보였다면 이는 학교폭력이 될 수 있습니다. 이러한 반응은 피해학생에게 수치심과 모욕감을 주어 정신적 피해를 줄 수 있기 때문입니다. 앞서 소개한 초등학생 성추행 사건에서 법원은 성추행 장면을 목격하게 된 학생을 학교폭력에 가담한 것으로 판단한 이유에 대해 '피해학생이 좁고 밀폐된 공간에서 추행당하는 장면을 A군이 지켜봐 성적 수치심과 모욕감으로 정신적 피해가 상당했을 것으로 보이는 만큼 A군의 행동은 학교폭력예방법이 정한 학교폭력에 해당한다'라고 하였습니다. 이는 가담학생을 판단하는 기준을 대표적으로 보여주는 것이라 하겠습니다.

목격학생이 진술을 해주지 않습니다

학교폭력 사건이 발생하여 신고되면 사안조사가 이루어집니다. 피해학생과 가해학생의 진술이 일치할 때도 있지만, 일치하지 않을 때가 사실 더 많습니다. 서로의 진술이 상반되는 상황에서 학교는 고민이 생깁니다. 누구 말이 맞을까, 누가 거짓말하는 걸까. 이런 상황에서 목격학생들의 진술은 사건의 실마리가 됩니다.

그러나 목격학생들이 사건에 관한 진술을 거부하는 상황이 발생해 부모님들이 어려움을 겪곤 합니다. 분명히 학교폭력을 목격한 학생들이 있는데 '모른다. 기억이 나지 않는다'고 발뺌하거나 아예 진술을 거부하는 것입니다. 이는 피해학생뿐만 아니라 가해학생 측도 겪는 어려움입니다. 하지 않은 행위로 신고가 되거나 상대방과 쌍방 간에 이루어진 폭력에 대해 일방 폭력이라고 신고된 경우 등 억울한 누명에서 벗어나기 위해 목격학생들에게 도움을 요청하지만 목격학생들이 진술을 거부하는 것입니다. 이런 현실은 교육부에서 진행한 2020년 학교폭력실태조사 결과에서도 알 수 있는데, 목격학생이 '아무것도 하지 못했다'는 응답이 전체의 34.6%를 차지했습니다.

학교폭력 목격 후 행동 양상   자료: 2020년 1차 학교폭력실태조사(교육부)

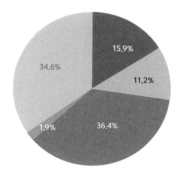

- 때리거나 괴롭히는 친구를 말렸다 15.9%
- 가족, 선생님, 학교전담경찰관 등 주위에 알리거나 신고 11.2%
- 피해 받은 친구를 위로하고 도와줌 36.4%
- 같이 괴롭혔다 1.9%
- 아무것도 하지 못했다 34.6%

이처럼 학생들이 입을 다무는 데에는 이유가 있습니다. 가해학생의 보복이 두려워서, 가해학생 편을 들어 진술할 경우 피해학생이 불만을 가지고 자신까지 신고가 될까 봐, 그리고 목격학생의 학부모가 괜히 사건에 연루된다며 진술을 만류하는 이유로 외면하는 것입니다.

부모님들은 자녀가 학교폭력에 연루되었을 경우 학교폭력 사실관계를 자녀로부터 파악할 때 사안을 목격한 학생들이 누가 있는지 파악한 다음, 학교 측에 목격학생들의 이름을 분명하게 밝히도록 합니다. 학교는 이를 바탕으로 목격학생들을 대상으로 사안조사를 실시하게 됩니다. 간혹 직접 목격학생을 찾아가 물어보거나 진술서를 써달라고 요청하는 부모님도 있습니다. 물론 자진해서 진술서를 써주겠다는 학생이라면 상관없겠지만 자칫 목격학생 부모님께서 문제를 삼을 수도 있고, 학교에서 신빙성에 의문을 제기할 수도 있는 만큼 일차적으로는 학교의 사안조사를 통해 목격학생 진술을 확보하도록 시도해야 합니다.

목격자 진술 확보는 학교의 의지가 중요합니다

학교폭력 사건을 진행하다 보면 학교폭력 변호사로서 학교에 가장 실망하는 때가 있습니다. 학교에서 목격학생들을 제대로 조사하지 않고 오로지 한쪽 학생의 진술에만 의존해 사건을 단정 짓는 경우입니다. 피해학생과 가해학생의 진술이 상반된다는 이유만으로 별다른 고민 없이 학교폭력이 아니라고 의결하는 학폭위, 목격학생들 부모의 동의를 얻기 어렵다는 연유로 목격학생들에 대한 조사조차 시도하지 않는 학교, 이러한 행태는 학교폭력 사건을 해결하고자 하는 의지가 부족하다고밖에 말할 수 없습니다. 더불어 학교의 학교폭력 축소, 은폐 시도라고밖에는 볼 수 없습니다. 목격학생을 대상으로 사안조사를 하려면 부모의 동의를 얻어야 한다는 학교의 말은 변명에 불과합니다. 학교폭력예방법 어디에도 사안조사를 함에 있어 부모의 동의를 얻어야 한다는 규정은 없습니다. 목격학생들이 부담을 느낄 수 있다면 사건과 관련된 학생 또는 반 전체 학생들을 대상으로 설문조사 형태의 익명 조사를 하면 얼마든지 목격학생들의 부담을 덜고 진술을 확보할 수 있습니다. 피해학생의 경우 학교에서 사안조사를 해주고 있지 않다면 학교폭력예방법 제14조 5항 '피해학생 또는 피해학생의 보호자는 피해사실 확인을 위하여 전담기구에 실태조사를 요구할 수 있다'라는 규정에 따라 학교에 사안조사를 요구하는 방법이 있으니 참고하시면 좋겠습니다.

우리 아이가 학교폭력의 목격학생이래요

우리 아이가 학교폭력의 목격학생이 되었을 때, 그냥 모른 척 지나가고 싶은 게 부모의 솔직한 심정입니다. 내 아이가 피해자도 아니고, 학교폭력 사건은 남의 집 이야기라고 생각하고 싶지요. 목격학생들도 마찬가지입니다. '나만 아니면 돼'라는 생각으로 방관하기만 합니다. 학교폭력의 가해학생, 피해학생이 아니라고 해서 우리가 학교폭력과 무관할까요? 침묵하는 것이 학교폭력으로부터 자유로워지는 길일까요?

결론부터 말씀드리면 다른 누구도 아닌 목격학생들 스스로를 위해서라도 적극적으로 학교폭력 신고를 하고, 사안조사에도 적극적으로 임해야 합니다. 이를 위해서 아이들의 가치관이 올바로 정립될 수 있도록 부모님들이 지도하셔야 합니다. 학교폭력은 남의 일이 아닙니다. 언제든 내 아이도 학교폭력의 타깃이 될 수 있습니다.

부모님과 함께 사무실을 찾아온 유진이는 중학교 1학년이었습니다. 유진이는 최근 같은 반 여학생들로부터 따돌림을 당하게 되었고 학교도 가지 못하는 상황이라고 하였습니다. 왜 유진이가 따돌림을 당하게 되었을까, 원인을 찾던 중 유진이 이전에도 반에서 따돌림을 당한 친구가 있었는지 물어보았습니다. 유진이는 이전에 이미 두 명의 피해학생이 있었고, 자신이 세 번째로 타깃이 된 거라고 말했습니다. 가해자 무리는 한 명, 한 명 자신들 마음에 들지 않은 아이들을 돌아가며 따돌리는 것이었습니다. 앞선 두 명의 피해학생 중 한 명은 학교폭력 신고를 포기한 채 전학을 택했고, 다른 한 명은 학생들이 말하는 소위 '아싸'가 되어 혼자 지내고 있다고 하였습니다. 유진이 부모님은 두 학생에 대한 따돌림 건이 학교폭력으로 다루어졌더라면, 유진이가 그 친구들을 대신해 신고를 했다면 지금처럼 유진이가 따돌림의 피해학생이 되는 일은 막을 수 있지 않았겠냐며 아쉬워하셨습니다.

목격학생들이 진술을 피하는 이유 중 하나는 특정한 학생에 대해 불리한 진술을 할 경

> **아싸**
> '아웃사이더'의 줄임말로 무리와 섞이지 못하고 밖으로만 겉도는 사람을 칭하는 말이다.

우 보복이나 학교폭력에 연루되지 않을까 하는 걱정이 크기 때문입니다. 그러나 학교폭력예방법 제21조는 비밀누설금지의무를 명시하고 있으며, 이를 위반할 경우 처벌까지 받도록 규정하고 있습니다. 교육부 지침 학교폭력 사안처리 가이드북에서도 목격학생들이 진술한 내용에 대해 비밀보장이 이루어지도록 하고 있으므로 이는 너무 염려하지 않으셔도 됩니다.

학교폭력을 방지하는 가장 좋은 방법은
폭력을 허락하지 않는 교실 분위기입니다

사실 학교폭력에 대한 연구, 예방 교육은 끊임없이 이어져 오고 있지만, 이는 어디까지나 가해학생과 피해학생에 초점을 둔 것일 뿐 목격학생에 대한 진지한 연구나 고민은 이루어지지 않았습니다. 여기서 우리는 도쿄 인근 군마현교육위원회의《이지메 방지 학생지도 매뉴얼いじめ問題對策マニュアル》에 주목할 필요가 있습니다.(정재준, 학교폭력 방지를 위한 한국, 일본의 비교법적 연구, 법학연구, 2012) 매뉴얼에서는 이지메가 어떤 학교, 어떤 교실, 어떤 학생에게도 발생할 수 있는 문제라고 하면서 이지메 성립의 4가지 구조를 설명합니다.

중요하게 보아야 할 것은 방관자에 대해 의미를 부여하였다는 점입니다. 우리나라 학교폭력에 적용하여 왕따를 행하는 학생을 가해학생, 주변에서 함께 놀리고 괴롭히는 학생들을 가담학생이라 한다면, 그 이

외의 본체만체하는 아이들을 방관자, 즉 목격학생이라 이해하면 쉽습니다. 매뉴얼은 방관자, 즉 목격학생들이 이지메와 무관하게 보이지만 다른 한편으로는 같은 반에서 발생하고 있는 이지메를 교사에게 제대로 알리거나 중단시키지 않았다는 점에서 이지메 발생에 책임이 있다고 설명합니다.

　가장 좋은 학교폭력 예방법은 폭력을 허락하지 않는 교실 분위기입니다. 학교와 반 친구들이 자신의 가해행위를 방관하고 묵인하면 가해학생들은 계속해서 학교폭력을 행사하고 행동수위도 더 대범해집니다. 언젠가는 나도 피해자가 될 수 있다는 생각을 가져야 합니다. 가해학생이 학교폭력을 행했을 때 다수의 학생이 잘못된 행동이라며 지적하고, 피해학생이 아닌 가해학생이 소외되는 분위기가 만들어지면 가해학생은 섣불리 학교폭력을 행사하지 못합니다.

우리는 서로에게 영웅이 될 수 있습니다

대학시절, 법대 교수님이 강의 도중 해주신 이야기가 생각납니다. 1970년대, 같은 시간에 KBS에서는 〈우주소년 아톰〉, MBC에서는 〈우주의 왕자 빠삐〉가 방영되고 있었고, 그 당시 초등학교 학생들은 교실에 모여 아톰편, 빠삐편으로 나뉘어 둘이 싸우면 누가 이길까에 대한 논쟁을 벌였다고 합니다. 하지만 논쟁의 결론은 항상 나지 않았을 것입니다. 왜냐하면 우주소년 아톰과 우주의 왕자 빠삐는 모두 정의를 위해 싸우고, 서로를 적으로 삼지 않을 것이기 때문입니다.

정의를 위해 싸우는 영웅은 많았습니다. 슈퍼맨, 로봇 태권브이 등 많은 영웅들이 아이들을 대신해 싸웠습니다. 아이들이 자랄수록 영웅들은 아이들과 점점 멀어졌습니다. 아이들이 스스로 정의를 지킬 수 있는 능력을 가졌을 때쯤, 영웅들은 정의를 지켜달라는 부탁과 함께 기억 속으로 떠나갔습니다. 어른이라면 누구나 마음속에 어린 시절 정의를 지켜주던 영웅 한 명쯤 있을 것입니다.

부모님들은 아이들에게 정의로운 사람이 되고, 어려운 사람을 도와야 한다고 가르치시지만 정작 학교폭력에 직면하면 '괜히 연루될 수 있으니까 진술하지 마'라고 하는 것이 현실입니다. 이는 그동안의 가르침에 역행하는 것입니다.

미국의 가수이자 노벨문학상 수상자인 밥 딜런은 이렇게 말했습니다. "우리는 답은 모르지만 무엇이 문제인지는 안다. 가장 큰 죄악은 그 문제를 외면하는 것이다." 어려움에 처한 친구를 위해 목소리를 내고,

학교폭력을 외면하지 않도록 아이들을 가르쳐주시길 간절히 바랍니다.
우리는 서로에게 영웅이 될 수 있습니다.

CHAPTER 6

학교폭력
변호사
이야기

학교폭력대책심의위원회 풍경,
위원들 저마다 역할은 있다

　　학교폭력대책심의위원회 위원들은 크게 교원위원, 학부모 위원, 변호사 위원, 학교전담경찰관, 청소년보호 전문가 등으로 구성됩니다. 흥미로운 점은 위원들마다 사건을 판단하는 데 있어 중점을 두는 부분에 차이가 있다는 것입니다. 변호사와 학교전담경찰관은 다른 사례를 겪은 경험으로 형평성을 고려하여 법률적인 조언을 합니다. 또 학교폭력 행위가 형사법적으로 어떤 죄에 해당될 수 있는지, 사안의 경중 등에 대한 의견을 제시합니다. 교육위원은 학교 현장 등을 고려하여 사건을 이해하고 어떤 징계처분을 내려야 교육적인 효과를 달성할지를, 그리고 학부모 위원들은 부모의 입장에서 사건을 생각하고 나아가 피해학생과 가해학생이 앞으로 학교에서 지낼 관계까지 고려하여 판단합니다. 당연히 위원들 사이에서의 대립과 설득은 불가피합니다. 의견이 대립하는 경우에는 자정이 넘도록 치열한 회의가 이어지기도 합니다.

학교전담경찰관
약칭 SPO(School - police officer)로 학교폭력 예방의 일환으로 2012년부터 전국에 배치되어 1인당 10개교 가량 담당하고 있다. 117 신고 처리, 선도 프로그램 운영 등을 수행한다.

전문성과 공정성을 겸비한 학폭위

과거 학교에서 학폭위가 열리던 시절에는 학폭위의 전문성과 공정성에 대한 불신과 지적이 많았습니다. 이러한 불신을 불식시키고 전문성과 공정성을 확보하고자 2020년 3월부터 학폭위를 교육지원청으로 이관하였고, 교육지원청 학교폭력대책심의위원회는 다음에 해당하는 자격을 가진 위원들로 구성하고 있습니다(학교폭력예방법 시행령 제14조 제1항). 그리고 각 교육지원청은 심의위원회 위원들에 대해 역량 강화 연수 등을 통해 전문성을 보완하고 있습니다.

1. 해당 교육지원청의 생활지도 업무 담당 국장 또는 과장, 청소년보호 업무 담당 국장 또는 과장
2. 교원으로 재직하고 있거나 재직했던 사람으로서 학교폭력 업무 또는 학생생활지도 업무 담당 경력이 2년 이상인 사람, 교육전문직원으로 재직하고 있거나 재직했던 사람
3. 해당 교육지원청 관할 구역 내 학교에 소속된 학생의 학부모
4. 판사·검사·변호사
5. 해당 교육지원청의 관할 구역을 관할하는 경찰서 소속 경찰공무원
6. 의사 자격이 있는 사람
7. 「고등교육법」 제2조에 따른 학교의 조교수 이상 또는 청소년 관련 연구기관에서 에 상당하는 직위에 재직하고 있거나 재직했던 사람으로서 학교폭력 문제에 대하여 전문지식이 있는 사람

8. 청소년 선도 및 보호 단체에서 청소년 보호활동을 2년 이상 전문적으로 담당한 사람
9. 그 밖에 학교폭력 예방 및 청소년보호에 대한 지식과 경험이 풍부한 사람

학교폭력예방법 제13조 제1항에서는 전체위원의 3분의 1 이상을 학부모로 위촉하도록 규정하고 있습니다. 30명의 위원들이 있다면 최소 10명 이상은 학부모 위원인 셈입니다. 학폭위를 앞두고, 혹은 학폭위 결과는 받았지만 불복절차를 밟으려고 하시는 부모님들이 학부모 위원들이 전문성이 있냐는 의구심을 표현하시곤 합니다. 그러나 실제 학폭위 현장에 참석해보면 가장 치열하게 고민하고 학교폭력에 대한 관심이 높은 분들은 다름 아닌 학부모 위원들이셨습니다. 같은 부모의 입장에서 피해학생과 가해학생 양측의 입장에 대해 잘 공감하며, 또 현재 또래 자녀를 키우고 있다 보니 학생들의 문화를 잘 이해하고 있기도 합니다. 매번 학폭위마다 마다하지 않고 참석하시는 학부모 위원들께 직장도 다니시고 집안일도 바쁘실 텐데 어떻게 매번 참석하실 수 있는지 여쭈어보았습니다. 학부모 위원들께서는 '현재 내 아이가 생활하고 있는 지역 내 학교 학생들의 일이기 때문에 내 아이와 무관할 수 없다는 책임감'에서 비롯된 것이라고 말씀하셨습니다. 다수의 위원을 학부모 위원으로 구성하도록 하는 학교폭력예방법의 목적은 대표성과 민주적 정당성을 부여하고 학부모 입장에서의 의견을 반영할 수 있게 하기 위함입니다.

설득당했지만 기꺼이 설득당할 수 있는

학교폭력 사안이 상정되었으니 학폭위에 참석해달라는 연락을 받고 교육지원청으로 향했습니다. 미경이 부모님은 남학생인 선호가 일방적으로 여학생인 미경이를 때렸다며 학폭위를 열어 징계조치를 내려달라고 요청하셨습니다. 남학생이 여학생을 때렸다니 부모님 입장에서는 화날 만한 일이었습니다. 반면 선호는 체육시간에 운동장에서 공차기를 연습하는 자신을 미경이가 심하게 조롱해 말다툼이 일어났고, 교실에 와서도 미경이가 자신을 향해 "야, 이 개새끼야!"라고 욕을 하고 뺨까지 때려 자신도 참을 수 없어 때리게 된 것이라 진술했습니다.

둘의 진술이 엇갈리는 가운데 다행히 이를 목격한 학생이 있었습니다. 목격학생의 진술에 따르면 미경이가 먼저 선호에게 욕을 하고 때려서, 선호도 때리게 된 것이라 하였습니다. 아울러 반 학생들을 대상으로 익명의 사안조사를 실시한 결과, 평소 미경이가 선호를 조롱하고 때리는 일이 잦았다는 진술이 많았습니다. 아무래도 그동안 참다못해 자기 딴에는 저항의 수단으로 맞대응을 한 것 같았습니다. 학폭위에 출석한 선호에게 한 위원이 "그동안 미경이로부터 괴롭힘 당했던 것을 옆에서 봤던 친구들이 있을까?"라고 물었습니다.

"어…. 저는 친구가 없어요."

그 자리에 있던 누구도 예상하지 못했던 답변이었고, 선호의 대답으로 일순간 학폭위 자리는 숙연해졌습니다. 목격학생들의 사안조사 결과를 미경이 부모님께 말씀드리자 미경이 부모님은 그동안 몰랐던 일이라며 선호에게 미안한 마음을 전하고 싶고, 재발 방지만 된다면 징계조치는 바라지 않는다고 하셨습니다. 선호 부모님도 다시는 이런 일이 없도록 하겠으며 혹시라도 나중에 누군가 괴롭힌다면 혼자 참고 해결하려고 하지 말고 부모님과 선생님들께 도움을 요청할 것을 지도하겠다고 약속하였습니다.

평소 선호와 미경이의 평소 학교생활을 잘 아는 학교 선생님을 참고인으로 불러 의견을 들어보았습니다. 선생님은 두 학생의 선도 가능성에 대해 말씀하시며 "학교에서 저희가 정말 다시는 재발하지 않도록 보호하겠습니다. 징계가 아닌 화해로서 두 학생을 살펴봐 주시길 부탁드립니다"라며 학생들에 대한 애정을 보이셨습니다. 저와 SPO 전담경찰관은 행위 결과만 놓고 본다면 미경이는 언어폭력과 신체폭력, 선호는 신체폭력에 해당하므로 두 학생 모두 학교폭력으로 징계조치가 내려져야 하지 않겠냐고 의견을 제시했습니다. 그러나 교사 위원들의 의견은 달랐습니다. 선호는 지금까지 폭력은 물론 또래 친구들과 달리 욕설도 하지 않는 온순한 학생인데, 오랜 시간 참다가 우발적으로 폭력적으로 맞대응을 행하게 된 것이다. 학폭위에 출석한 것만으로도 충분히 선도가 가능하기 때문에 징계조치는 불필요하다는 견해였습니다. 학부모위원들도 마찬가지였습니다. 미경이가 잘못은 했지만 미경이도 피해를 보았고, 오히려 신고한 미경이에게만 징계조치가 내려지면 갈등의 골이 더 깊어질 수 있다는 입장이었습니다. 양측 부모님들도 재발 방지가 약속된다면 징계처분을 원하지 않고있고, 학교에서도 재발 방지를 위한 적극적인 모습을 보이고 있으니 '조치 없음'을 내리자는 의견을 주셨습니다. 위원분들의 의견에 저는 기꺼이 설득당할 수 있었습니다. 이처럼 학교폭력예방법과 학폭위는 '징계' 자체가 목적이 아니라, 사안조사 과정을 통해 사실관계를 바로 잡고 피해학생은 보호하고 가해학생은 선도하는 것에 의미가 있습니다.

생각해보면 아이러니합니다. 친구가 없다고 생각한 선호의 가장 큰 조력자가 용기 있는 어느 학생의 진술이었다니 말입니다. 진술을 해준 친구가 참 고마울 따름입니다. 비록 그동안 선호가 스스로 친구가 없다고 생각했을지라도 학폭위를 계기로 자신을 지켜봐주고 지지해주는 친구들이 많다는 사실을 깨닫고 씩씩하게 학교생활을 해나가길 응원합니다.

아버지의 눈물,
자녀는 부모의 사랑으로 자란다

제가 학교에 다니던 시절만 하더라도 아버지들이 학교에 오실 일은 졸업식, 입학식이 아니고서야 없었습니다. 학부모로서의 역할은 전적으로 어머니들의 차지였습니다. 그러나 학교폭력 사안을 진행하다 보면 자녀의 어려움을 해결하기 위해 아버지들이 전면에 나서시는 경우들을 자주 접하게 됩니다. 자녀의 양육에 부모님이 역할을 분담하는 경우가 많아졌고, 아이의 일에 아버지께서 힘을 실어주시는 것은 많은 도움이 됩니다. 사무실에서 면담할 때 아버지들이 종종 멋쩍어하시며 저에게 하시는 이야기가 있습니다.

"참 이런 말하기 그렇지만, 이번 학교폭력 일을 겪으면서 아이 담임 선생님과 처음으로 통화했습니다."

직장생활과 사업에 열중하느라, 또 가부장적인 문화에서 자라 자녀와 살가운 관계를 맺는 게 어색한 아버지들이 아직 많습니다. 감정표현도 어머니들보다 서툴고 무뚝뚝한 아버지들이 자녀문제로 흘리시는 눈물은 그래서 더 특별하게 다가옵니다.

내 아이를 위해 조롱과 모멸도 참을 수 있습니다

자녀가 학교폭력 가해학생으로 몰린 한 아버지의 이야기입니다. 고등학생인 딸은 어느 날 친한 친구들 3명과 학교폭력 가해학생으로 신고가 되었습니다. 학교에서는 무슨 내용으로 학교폭력으로 신고가 되었는지 통지해주지 않아서 신고된 학생들은 자신들이 어떤 종류의 학교폭력을 행사했다는 것인지조차 알 수 없었습니다. 그 와중에 함께 신고되었던 2명의 학생은 단지 신고 학생 측이 용서했다는 이유만으로 학폭위에 상정조차 되지 않았습니다.

부모님은 학교폭력 징계조치는 생활기록부에 기재되기 때문에 고등학생인 딸의 입시에 악영향이 있을까, 걱정이 앞섰습니다. 부모님은 신고 학생 측의 마음을 돌리면 2명의 학생처럼 딸에 대한 신고 건도 조기에 끝날 것으로 생각하고 용서를 빌었습니다. 그러나 돌아오는 것은 상대방 부모님의 조롱과 모멸이었습니다. 결국 신고 학생 측의 의사에 따라 학폭위는 개최되었고 학폭위에서는 딸에게 징계를 내렸습니다.

결과를 도저히 받아들일 수 없었던 부모님은 학폭위 결과에 대한 불복으로 행정소송을 진행하였습니다. 행정소송을 하는 와중에 학생과 부모님은 비로소 학폭위에서 학교폭력으로 결정한 이유를 확인할 수 있었습니다. 신고 학생이 증인으로 나와 증인신문이 이루어졌지만, 법정에서 신고 학생이 밝힌 신고 이유는 다음과 같았습니다.

"다른 가해학생과 친하게 지내서요. 둘이 이야기를 하고 있으면 저를 욕하는 것 같았거든요."

재판이 진행되면서 해가 바뀌어 학생은 고3이 되었고 공교롭게도 학생의 학창시절 마지막 기말고사 시험 날 마지막 재판도 열렸습니다. 딸은 열심히 시험에 임하고 있을 시간, 아버지는 딸을 대신하여 법정에 섰습니다. 마지막으로 할 말을 이야기하시던 아버지는 그만 감정에 북받쳐 눈물을 흘리셨습니다.

"19년 동안 꿈을 위해 노력했던 딸이 단지 가해학생과 친하고 옆에 있었다는 이유만으로 징계가 내려져 대학 입시와 앞길이 가로막히고 말았습니다. 부디 재판장님께서 진실을 바로잡아주시고 현명한 판단을 해주시길 바랍니다."

딸을 지키기 위해서는 무엇이든 할 겁니다

두 번째 이야기는 딸이 반 여학생들로부터 따돌림을 당하고 있다는 사실을 알게 되신 아버지의 이야기입니다. 카카오톡 메시지 알람이 울리자 휴대폰을 가지고 화장실로 들어가는 딸의 행동을 이상하게 여겨 휴대폰 단체 채팅방을 본 부모님은 너무 놀랐습니다. 학생들의 카카오톡 단체 채팅방에는 딸을 '쓰레기'로 지칭하고 공격하는 말들로 도배되어 있었던 것입니다. 놀란 아버지는 이 사실을 학교에 알렸습니다. 가해학생들은 사과나 반성은커녕 학교폭력으로 신고를 했다고 더욱 공격하였습니다. 사과를 받고 좋게 마무리 짓고자 했던 부모님도 도저히 묵과할 수 없는 상황이었습니다.

아버지는 그동안 일이 바빠 딸이 어떻게 학교생활을 하고 있는지 잘 몰랐다고 고백하셨습니다. 이번 사건을 준비하면서 비로소 딸과 대화의 기회를 갖게 된 아버지는 딸로부터 '나는 태어나지 말았어야 했나 봐요'라는 말을 들었다며 딸을 지키기 위해서는 무엇이든 할 것이라는 다짐과 함께 눈물을 흘리시고 더는 말을 잇지 못하셨습니다. 속상함과 미안함, 그리고 자녀에 대한 아버지의 사랑이 고스란히 느껴지는 순간이었습니다.

부모님들은 학교폭력 사건을 진행하시면서 자식을 키우는 것이 얼마나 큰 무게를 주는 일인지 새삼 배운다고 말씀하십니다. 아버지들의 뜨거운 눈물을 보니 제 아버지의 그리운 얼굴이 더 그리워집니다. 나 역시도 내 아버지의 사랑으로 자랐구나, 라는 생각이 듭니다. 우리 아이들이 아무리 힘든 일이 있더라도 자신을 위해 무엇이든 할 수 있는 부모님이 있음을 잊지 않았으면 좋겠습니다.

가해학생이 된
내 아이를 위해서

1999년 4월 미국 콜럼바인 고등학교에서 최악의 총기 난사 사건으로 기억되는 일이 발생하였습니다. 두 명의 학생이 학교에 총을 들고 가서 친구들과 선생님을 향해 총기를 난사하여 13명이 사망, 24명이 부상을 입었고, 두 명의 가해자도 그 자리에서 자살해버린 비극적 사건이었습니다.《나는 가해자의 엄마입니다》(수 클리볼드 지음, 홍한별 옮김, 반비, 2016)는 두 가해자 중 한 명 '딜런 클리볼드'의 어머니 '수 클리볼드'가 쓴 책입니다.

저자인 수 클리볼드는 자식을 잃어버린 슬픔과 가해자의 부모로서 받는 비난을 모두 감내해야 하는 상황에 처해 있었습니다. 그러나 저자는 가해자인 딜런이 원래는 착한 아이였다고 변명하거나 자신의 어려움을 호소하지 않습니다. 저자는 지극히 평범했던 아이가 왜 악마가 되었는지, 누구보다 양육을 잘했다고 믿었던 스스로가 얼마나 양육에 실패했는지를 처절하게 자책합니다.

자녀가 학교폭력의 가해자가 된 상황에 직면한 부모님들은 다양한 모습으로 반응합니다. 착하게만 보였던 아이가 왜 다른 친구에게 폭력을 행사하였는지, 혹시라도 아이에게 부모님도 모르는 어떤 폭력적인 성향이 있는 것은 아닌지 원인을 찾고자 정신과 검사와 심리치료까지 받으며 고군분투하시는 부모님들도 있습니다. 때로는 피해학생을 향해 진심으로 사과할 것을 지도하고, 아이가 잘못을 뉘우칠 수 있도록 함께 봉사활동을 하며 자숙의 시간을 갖는 부모님도 있습니다. 원인을 찾고, 다시는 이런 일이 재발하지 않도록 부단히 노력하시는 모습은 실로 눈물겹기까지 합니다. 반면, 내 아이가 절대 그럴 리 없다며 폭력 자체를 부인하거나, 학교폭력 징계를 받지 않게 하려고 갖은 방법을 동원하고 피해학생을 탓하는 분들도 있습니다.

잘못된 행동을 한 아이를 위한 진정한 훈육

서연이 어머니는 서연이가 학교폭력으로 신고가 되었다는 연락을 받았습니다. 소위 일진이라 불리는 A와 B가 여러 명의 학생과 함께 피해학생인 지영이를 으슥한 주차장으로 불러내 집단폭행한 사건이었습니다. 서연이는 사건 현장에 함께 있었고, 서연이 역시도 폭행의 가담자 중 한 명이었습니다. 왜 때렸냐고 물었더니 서연이는 지영이가 자신의 남자친구와 연락하고 지내는 것이 화가 나 때렸다고 이야기하였습니다.

서연이와 서연이 부모님은 곧장 지영이와 지영이 부모님께 사죄의 말씀을 드렸습니다. 반복되는 사과에 지영이 부모님도 마음의 문을 여셨는지, 만나자는 연락을 하셨습니다. 면담 자리에서 지영이 부모님은 서연이 부모님께 제안하였습니다. "지영이가 그동안 일진 아이들에게 지속적으로 괴롭힘을 당했는데, 서연이가 사건 현장에 오게 된 것도, 지영이를 때린 것도 A와 B가 시켜서 한 것이라고 진술하면 서연이를 학교폭력 신고는 물론 경찰 고소에서 빼주겠다"는 제안이었습니다. 지영이 부모님은 A와 B를 크게 혼내주고 싶은 마음이 크다고 말씀하셨습니다.

서연이 부모님은 잠시 동안 마음의 갈등이 생겼습니다. 서연이가 거짓 진술을 하면 가해학생으로 낙인찍히지 않아도 되고, 경찰서를 들락거리지 않아도 된다는 것은 큰 유혹이었습니다. 다시 한 번 마지막으로 서연이에게 물었습니다. 정말로 A와 B가 무서워서 때린 게 아니냐고 말입니다. 부모님은 내심 그랬으면 하는 마음이었습니다.

"나 진짜 지영이가 내 남자친구랑 연락하는 게 싫어서 때린 거지 누가 시켜서 때린 건 아니야."

부모님께서는 지영이 부모님을 다시 만나기 전 저를 찾아오셨습니다. 지영이 부모님께 사실대로 말씀드리기로 답은 정하고 오셨지만, 그것이 아이를 위한 옳은 선택이라는 확신을 받고 싶은 마음에서였습니다. 순간을 모면하자고 거짓 진술을 하게 하고 아이를 빼돌리는 것은 오히려 남에게 책임을 떠넘기는 나쁜 일을 가르쳐주는 것밖에 되지 않습니다. 부모님도 저의 의견에 백번 공감하셨습니다. 아이가 잘못을 저질렀다면 그에 대한 대가로 여러 수고로움을 겪어야 한다는 모습을 보여주는 것이 진정한 훈육입니다.

빨리 잘못을 인정했더라면 어땠을까

　민철이와 세현이는 전교 1, 2등을 다툴 정도로 공부를 잘하는 친구 사이로 일종의 라이벌이었습니다. 둘은 학교 대표로 함께 경진대회를 준비하게 되었습니다. 그런데 경진대회 결과가 기대에 못 미치자 세현이는 민철이를 괴롭히기 시작하였습니다. 그리고 민철이가 혼자서만 좋은 성적을 거두려고 했고 결국 민철이 때문에 대회를 망쳤다며 소문을 퍼트렸습니다. 몇몇 학생들이 "너 때문에 대회 망쳤다며?"라며 민철이에게 물어볼 정도였습니다. 민철이는 부모님 말씀대로 일절 맞대응을 하지 않았습니다. 그러나 그사이 세현이의 괴롭힘은 점점 심해졌고, 지나다닐 때마다 민철이를 때리고 조롱하였습니다. 참다못한 민철이가 항의를 하였더니 급기야 세현이는 학생들이 보는 가운데 민철이의 얼굴을 주먹으로 수회 때려 민철이의 입술이 찢어지고 코피까지 나는 상황까지 발생하였습니다.

　사건 당일 곧바로 선생님과 양측 부모님이 면담 자리를 가졌습니다. 선생님은 세현이가 민철이를 때렸으니 민철이에게 사과하라고 제안하였습니다. 그러나 세현이는 끝까지 사과를 하지 않았습니다. 자기가 사과하면 아이들에게 따돌림을 당할지 모르니 사과를 못 하겠다는 것이었습니다. 세현이 부모님도 "둘이 원래 친했다. 중학생이 할 수 있는 흔한 장난 수준이다. 세현이가 때린 건 잘못했지만 민철이가 맞을 행동을 했으니 참작되어야 한다" 등 장난으로 치부하고 책임을 전가하기에 바빴습니다.

결국 학폭위에서 세현이에게 징계조치가 내려졌는데 세현이 부모님은 행정소송까지 하며 불복하였습니다. 공부를 잘해서 특목고에 진학해야 하는 세현이에게 생활기록부에 단 한 줄이라도 흠집이 나서는 안 된다는 이유였습니다. 경찰에서 목격자 진술을 했던 학생들도 괴롭혔습니다. 진술을 번복해라, 때린 걸 못 봤다고 진술하라고 거짓 진술서를 요청하기도 하였습니다. 소송이 진행되는 동안 수개월의 시간이 흘렀고, 학년이 바뀌어 세현이는 반 부회장으로 선출까지 되었습니다. 민철이도 몸과 마음을 추스르며 다시 일상으로 돌아가고 있던 중 청천벽력과 같은 소식을 듣게 되었습니다. 세현이의 징계조치가 취소되었다는 것이었습니다. 세현이 측은 학교폭력 자체가 부인될 수는 없다는 것을 알았는지, 학폭위 의결을 무력화하기 위해 절차상 하자가 있다고 주장하였습니다. 그리고 법원은 이를 받아들여 세현이에 대한 징계를 취소하라는 판결을 내렸습니다. 판결에 따라 학교에서는 적법한 절차를 거쳤고 세현이의 학교폭력 건에 대해 다시 학폭위가 개최되었습니다. 이를 들어 '절차상 하자의 치유'라 부릅니다. 결국 또다시 열린 학폭위에서 세현이에게는 지난번과 동일한 징계조치가 내려졌고, 학교폭력 가해학생은 반 임원을 할 수 없다는 학칙에 따라 반 부회장 직책도 박탈당해야 했습니다.

　차라리 사건 발생 초기에 잘못을 인정하고 징계조치도 수용하였더라면 세현이도 하루빨리 일상생활로 복귀를 하였을지 모릅니다. 그러나 끝까지 잘못을 인정하지 않고 어떻게 해서든 학폭위 징계를 피하려던 부모님의 시도가 아이에게는 징계조치에 더하여 부회장직까지 내려놓게 되는 결과를 초래하고 만 것입니다. 두 번째 열린 학폭위에서 '이 일이 이렇게까지 올 정도로 커질지 몰랐습니다'라는 세현이의 진술이 눈에 띄었습니다. 사건 당일 민철이에게 사과만 했더라도 이렇게까지 진행되지는 않았을 텐데, 세현이 스스로도 후회하고 있지 않을까 짐작합니다. 그러나 여전히 변하지 않은 모습을 보이신 건 세현이 부모님이었습니다. 아이의 행동이 장난이었을 뿐이라 주장하는 모습을 계속해서 보이는 건 자녀에게도 결코 도움되지 않습니다.

누구를 위해서도 아닌
가해학생이 된 내 아이를 위해서

조한혜정 문화인류학자는 앞서 소개한 책《나는 가해자의 엄마입니다》의 추천사에서 이렇게 썼습니다. "정말 자식을 사랑한다면, 그리고 그들이 행복해지기를 진정 바란다면 좋은 사회를 만드는 길 외에 딴 길은 없다. 피해자와 가해자의 거리는 그리 멀지 않다. 이 책은 그 진리를 일깨워준다. 어둠이 깔린 시대를 보지 않는 맹목적 양육에 대해 성찰하는 독서가 되길 바란다." 잘못을 덮고 넘어가는 것은 결코 해결방법이 아닙니다. 피해학생도, 학교를 위해서도 아니고 오로지 가해학생이 된 내 아이를 위해서 잘못을 교정해야 합니다. 뉘우칠 기회를 갖지 못하는 건 가해학생에게도 비극입니다.

인천 중학생 추락사 사건을
바라보며

　　2018년 연말, 연일 보도되는 한 사건에 많은 이들이 마음 아파하였습니다. 바로 '인천 중학생 추락사' 사건입니다. 중학생인 남, 녀 가해학생 4명은 2018년 11월 13일 새벽, 피해학생을 공원으로 끌고 가 폭행하고 피해학생이 입고 있던 패딩 점퍼를 갈취하였습니다. 그리고 그 날 오후 피해학생을 아파트 옥상으로 오게 한 후 1시간 20여 분 동안 집단폭행을 하였고 어찌된 연유인지 피해학생은 아파트 옥상이 아닌 1층 화단에서 숨진 채로 발견되었습니다. 의견은 분분했습니다. 가해자들이 피해학생을 밀어 사망에 이르게 한 것은 아닐까, 피해학생이 맞다가 두려워 피하다가 떨어진 것은 아닐까, 혹은 이미 죽을 만큼 때린 후 피해학생이 사망하자 가해자들이 시신을 옥상 밖으로 던진 것은 아닐까…. 피해학생이 어떤 경위로 숨지게 되었는지 정확히 밝혀지지는 않았지만, 어느 경우든 끔찍하기는 마찬가지입니다.

　　가해자들이 구속영장실질심사를 받기 위해 나타났을 때 대중은 더욱 충격에 휩싸였습니다. 모자를 푹 눌러쓰고 얼굴을 가리기 위해 마스크를 쓴 모습은 몸집만 작을 뿐 여느 흉악범죄의 범죄자들과 다를 바

없는 모습이었습니다. 그런데 피해학생 어머니는 아들 장례식장에서 뉴스를 통해 가해자 중 한 명이 죽은 피해학생의 패딩 점퍼를 입고 있는 모습을 확인했다고 합니다. 조금이라도 피해학생에 대한 죄책감이 있었더라면 죽은 피해학생으로부터 뺏은 패딩 점퍼를 입고 나타나지는 않았을 텐데, 여전히 일말의 미안함도 없는 게 아닐까 의구심이 듭니다. 도대체 어떤 생각으로 버젓이 피해학생 옷을 입고 나타난 것인지, 가슴이 서늘해질 정도입니다.

친하게 지내라며 사준 피자와 치킨

제가 늘 학교폭력에 대해 강조하는 것이 있습니다. 바로 어른들의 적극적인 개입만이 가장 중요한 해결방법이라는 것입니다. 더 극단적인 상황으로 치닫기 전에 어른들의 적극적인 개입이 필요합니다. 부모님들은 혹시라도 신고하고 어른들이 나서면 가해자의 심기를 건드려 2차 보복을 당하는 게 아니냐고 우려하십니다. 그러나 실상은 정반대입니다. 피해학생을 계속 괴롭혀도 신고도 안 되고, 제지도 들어오지 않는 상황이라면 피해학생은 계속해서 폭력의 타깃이 되기 쉽습니다. 피해학생을 괴롭혔더니 어른들이 나서고, 경찰에 신고되고, 부모님이 학교에 와야 하는 상황들을 겪으면 '아, 쟤를 건드리니 피곤해지는구나'라고 생각합니다. 일종의 예방 효과가 있는 것입니다.

인천 추락사 사건의 피해학생의 어머니는 러시아분이셨습니다. 어머니는 가해자들이 피해학생을 괴롭히지 않고 잘 지냈으면 하는 마음에 집에 초대해 피자와 치킨도 사주었다고 합니다. 가해자들은 피해학생 어머니가 잘 대해준다고 생각을 바꿀 만큼 착한 아이들이 아니었습니다. 내가 피해학생을 괴롭히는데 오히려 피해학생 어머니가 먹을 것까지 사주며 잘해주는 상황이라니, 가해자들은 더 과감하게 폭력을 선택했을지 모르겠습니다.

"가해자들이 반성이나 하겠어요?"

어떤 부모님들은 학교폭력에 직면했을 때 이렇게 말씀하십니다. 학교폭력 신고를 해서 가해자들이 반성이나 하겠냐고 말입니다. 맞는 말입니다. 인천 중학생 추락사 사건만 봐도 그렇습니다. 피해학생이 사망했습니다. 본인들은 구속까지 되는 상황에서 일말의 반성이라도 했다면 피해학생의 옷을 입고 나타날 수 있었을까요. 반성할 학생들은 반성하지만, 반성하지 않는 학생들은 전학, 퇴학처분이 나와도 반성하지 않습니다. 그렇다고 이를 이유로 피해학생 부모님이 화가 날지언정 신고를 하지 않을 이유가 될 수는 없습니다. 가해학생이 반성하지 않고 비뚤어진 성인으로 자라나는 것에 대한 고민과 후회는 어디까지나 가해학생 부모님의 몫입니다.

반성하지 않은 가해자에겐 엄중한 처벌을

인천 중학생 추락사 사건을 보고 있노라면 학교폭력으로 인한 최악의 결과를 모두 보여주는 것만 같아 마음이 아픕니다. 그동안 가해자들은 피해학생을 장기간 괴롭혀왔다고 합니다. 사건 당일 새벽, 공원에서 가해자들이 피해학생을 때릴 때 이를 목격한 학생도 있었습니다. 한 번만 주변에서 피해학생을 위해 목소리를 내고 신고를 했더라면, 한 번만 어른들이 나서서 가해자들의 잘못된 점을 지적하고, 피해학생과 가해자들을 분리해놓았다면, 한 번만 학교와 수사기관이 나서서 가해자들을 제지했더라면 이런 극단적인 상황은 막을 수 있지 않았을까요. 몸집만 작을 뿐 어른들과 다를 바가 없는, 아니 어른들보다 더 잔인하게 자행된 폭력을 외면하고 애들 싸움으로 치부하는 어른들의 태도에 우리는 분노해야 합니다. 우리 어른들의 무책임함을 반성해야 합니다. 오랫동안 이 사건이 잊히지 않을 것 같습니다. 저는 가해자들이 엄중한 처벌을 받길 바랍니다.

학교폭력을 애들 싸움으로
치부하는 태도는 2차 가해다

　　오전 일찍 지방에서부터 상경해 사무실을 찾아온 부모님이 계셨습니다. 1,000페이지 가량의 두꺼운 문서를 들고 오신 부모님은 자녀의 학교폭력 문제를 어떻게 대처해야 할지 고민하다가 상담을 받고자 방문했다고 하셨습니다.

　사안은 언어폭력, 사이버폭력을 동반한 집단 따돌림이었습니다. 반 학생 중 다수의 학생이 따돌림에 가담하였고 그 기간도 수개월 넘게 지속됐는데 학교 측에서는 '아이들 사이에 놀이다. 학교폭력으로 신고를 하면 신고 학생이 더 힘들어질 거다. 학교폭력 신고를 해서 어떻게 제대로 학교에 다니겠느냐'라며 신고하는 것조차 말리는 분위기라고 하였습니다.

　피해학생 부모님께서 들고오신 자료에는 반 학생들이 모두 참여하는 단체 채팅방에서 자행된 학교폭력의 흔적이 고스란히 남아 있었습니다. 셀 수도 없이 반복된 언어폭력과 조롱을 보는 내내 피해학생이 얼마나 모멸감을 느꼈을지, 피해학생이 받았을 마음의 상처가 염려되는 상황이었습니다. 아이가 입었을 상처는 1,000페이지가 넘는 단체 채팅방자료의 두께만큼이나 묵직했습니다.

"아이들이 잔인해지기 시작하면 끝이 없는 것 같아요"라는 아버님의 말씀이 백번 공감되었습니다. 이를 보고도 '아이들의 놀이'로 치부하는 학교 측의 태도는 피해학생에게 또 다른 폭력을 가하는 것입니다. 이는 학교폭력을 방조하는 것이나 다름없었습니다. 자료를 정리하고 자세히 들여다보면 들여다볼수록 가해학생들의 심각한 학교폭력의 수위와 그럼에도 학교 측이 보인 안일함, 학교폭력 신고를 만류하기까지 했던 선생님들의 말이 한데 뒤엉켜 작금의 사태가 '거대한 폭력의 덩어리'처럼 느껴졌습니다. 학교폭력으로 인해 피해학생은 마음의 상처를 입었을 텐데 학교의 안일한 대처와 축소, 은폐 시도로 학생은 물론 부모님도 얼마나 힘들었을지 가늠하기도 어려웠습니다.

사실 현장에서는 학교폭력 예방과 대처를 위해 부단히 노력하시는 선생님들과 관계자들을 만날 수 있습니다. 그러나 이러한 사례들로 인해 학교에 대한 불신이 생기는 것을 볼 때면 참으로 안타깝습니다. 학생들도, 부모님들도 그리고 선생님들도 학교폭력은 모두에게 아픔이고 상처입니다. 그리고 이를 방관하는 것은 상황을 악화시킬 뿐입니다.

당신 아이가 왜 그런
잔인한 행동을 했는지 알겠네요

위 사례 속 부모님은 가해학생들과 입장이 다를 바 없는 학교와 선생님에 큰 상처를 받았습니다. 피해학생 부모님들을 가장 힘들게 하는 것은 반성하지 않는 가해학생 측의 태도지만, 애들 싸움을 크게 만든다는 주변의 시선, 별일 아니라는 식으로 치부하는 학교와 관련 기관들의 모습도 문제입니다.

학교폭력 손해배상청구 소송을 진행하던 때의 일입니다. 법정에서 정년을 앞둘 정도의 연세가 지긋하신 판사님이 피해학생 대리인으로 출석한 저와 상대방으로 나온 가해학생 보호자 앞에서 재판 도중 웃으며 이렇게 말을 하였습니다. "애들은 치고받고 싸우면서 크는 것인데, 허허허." 학교폭력에 대한 인식이 부족해도 너무 부족한 판사였습니다.

이뿐만이 아닙니다. 따돌림 피해자가 손해배상청구를 하는 사건이었습니다. 따돌림에 가담한 가해학생들은 여러 명이었고, 일대 다수의 상황은 법정에서도 이어졌습니다. 재판을 마치고 몇몇 가해학생 부모들이 법정에서 나와 자기들끼리 빈정대는 소리가 들려왔습니다.

"어휴 이런 걸 법정에 가져오는 부모도 참, 웃겨 정말."

가해학생 부모들을 향해 한마디 해주고 싶었으나 그렇게 되면 법정 밖에서 변호사와 상대측이 싸우는 우스운 꼴밖에 되지 않으니 입을 다물고 지나갔습니다. 그리고 마음속으로 이렇게 외쳤습니다. '당신 아이가 왜 그런 잔인한 행동을 했는지 알겠네요.' 부디 두 사건 모두 진심이 아니었길, 피해학생 부모님이 출석하지 않아 무심결에 이런 무례한 말들이 오고 갔길 바랄 뿐입니다.

학교폭력이 줄지 않은 이유는 무엇일까요

　학교폭력이 끊이지 않는 원인 중 하나는 학교폭력을 애들 장난으로 치부하는 어른들의 시각에 있습니다. '어릴 때는 치고받고 싸우면서 큰다'라는 시각은 아이들에게 고스란히 전해집니다. 약한 피해학생을 타깃 삼아 지나가다 심심하면 때리고, 괴롭히고 심지어 동성 성추행까지 한 가해학생들이 있었습니다. 피해학생의 부모님은 자녀에게 가해학생들이 괴롭히면 정확한 거절 표시를 하라고 일러주었습니다. 가해학생들은 피해학생을 마주치자 여느 때와 마찬가지로 괴롭혔고, 피해학생은 하지 말라고 소리쳤습니다. 그러자 가해학생들은 자신들에게 반항했다는 이유로 CCTV가 없는 화장실로 끌고 가 무자비한 폭행을 가하였습니다. 사건은 학교에 알려졌고, 학폭위가 열려야 할 상황에 가해학생 중 한 명의 부모는 오히려 온몸에 멍이 든 피해학생을 형사고소하였습니다. 피해학생이 맞다가 가해학생의 주먹을 막기 위해 가해학생 손목을 붙잡았는데 그로 인해 손톱에 긁혀 자신의 아이가 상해를 입었으니 오히려 피해자라는 주장이었습니다. 피해학생의 온몸에 맞은 멍 자국은 뭐로 설명할까요. 가해학생들끼리 희희낙락거리는 소리가 들려왔습니다. "야 ○○에 있는 소년분류심사원 밥이 맛있대!"

　이런 끔찍한 학교폭력의 가해학생들은 자신들이 미성년자이기 때문에 소년법원에서 보호처분에 그칠 것을 잘 알고 있습니다. '어릴 때는 치고받고 싸우면서 큰다'는 어른들의 시각이 결국 가해학생들에게는 면죄부를 주고 피해학생을 벼랑 끝으로 내모는 것입니다.

애들 싸움으로 치부하고 넘어가서는 안 됩니다

사과는 바라지도 않습니다. 자신의 자식에 대한 훈육은커녕 가해행위를 두둔하며 손목에 손톱으로 긁힌 자국이 생겼으니 피해학생을 형사고소하는 상황이 과연 정상으로 보이십니까. 피해학생 몸에 든 멍 자국은 외면한 채 자기 자식의 손목에 작은 손톱자국을 냈으니 응징하고야 말겠다는 부모의 태도는 비정하기까지 합니다. 온몸을 두들겨 맞아가며 끔찍한 두려움 속에 더는 맞지 않으려고 손목을 붙잡아야 했던 그 마음을 단 한 번이라도 헤아려봤다면 이처럼 반응하진 않았을 것입니다.

학교폭력 피해학생들의 부모님이 원하는 것은 진심 어린 사과와 반성, 그리고 다시는 그러지 않겠다는 약속입니다. 정말이지 묻고 싶습니다. 학교폭력을 애들 싸움으로 치부하고 덮고 넘어가는 걸 미덕으로 여기고, 이를 피해학생 측에게 강요하는 게 옳은 일인지 말입니다. 왜 피해학생 부모는 정신적, 경제적 피해를 모두 떠안아야 할까요? 그게 과연 아이들에게 정의라고 말할 수 있을까요?

학교폭력은 단순한 장난이 아니며 어른들이 적극적으로 개입해야 한다는 인식, 가해학생의 폭력적인 행동에 대한 근본적인 원인을 찾고 해결하고자 하는 어른들의 자세가 필요합니다. 나아가 학생들이 경각심을 가질 수 있도록 징계, 처벌 수위를 재정비해야 합니다.

소년법을 개정하고 미성년자의 처벌 연령을 낮추자는 이야기가 오랫동안 제기된 것은 이 때문입니다. 실제로 사안이 심각하고 중대한 학교폭력에 대해 소년법원의 보호처분이 아닌 일반 형사처벌로서 학생들에게 실형까지 내려진 판결이 늘고 있습니다. 대구지방법원은 담배를 가져오게 하거나 과자를 사오도록 시키고 수차례 폭행을 가한 가해학생에게 죄질이 불량하다는 이유로 징역 1년에 집행유예를 선고하였습니다. 그 외에 시사프로그램에서 보도되어 논란이 되었던 일명 '형건이 사건'의 경우 가해자들에게 징역 장기 6년, 단기 5년이 선고되었습니다.

마지막으로 피해학생의 피해를 보듬어 살필 수 있는 분위기가 정립되어야 합니다. 언제든 가해자도 피해자가 될 수 있는 것이 학교폭력입니다. 내 아이가 피해자라면 하는 역지사지의 마음이 필요합니다.

해외 사례를 통해 본 우리의
학교폭력 제도가 나아가야 할 길

　　어느 날, 영국 언론사 〈텔레그래프(The Telegraph)〉에서 저에게 한국 학교폭력에 대한 인터뷰를 요청한 적이 있습니다.(The Telegraph, 'South Korean parents hire thugs to stop school bullies, 2019. 1. 22.)　영국 언론사에서 왜 한국의 학교폭력을 취재하려는 것인지 궁금해졌습니다. 해당 언론사는 한국에서 부모님들이 학교폭력을 해결하기 위해 심부름센터, 일명 '삼촌 서비스'를 이용한다는 뉴스 기사를 보고 흥미로워 취재하게 되었다고 하였습니다.

　　학교폭력은 비단 우리나라만의 문제만이 아닙니다. 세계 각국에서도 심각한 사회문제로 인식하고 있습니다. 그러나 다른 나라에서는 부모님들이 이런 사설 업체를 찾아 학교폭력을 해결하는 사례가 없기에 기자는 삼촌 서비스는 무엇인지, 그리고 왜 부모님들이 이런 사설업체를 찾아 해결하려고 하는지를 궁금해하였습니다.

　　삼촌 서비스란 학교폭력 가해학생을 찾아가 겁을 주는 일종의 대행 서비스입니다. 폭력 조직원들처럼 보이는 건장한 남성들이 피해학생의 삼촌인 것처럼 위장해 가해학생들을 찾아가 겁을 주고 등, 하교 때 피해학생과 동행하는 식으로 학교폭력으로부터 아이를 보호한다고 홍보하고 있습니다. 심지어 가해학생 부모 직장에 찾아가 소란을 피우거나 '당신 자식이 학교폭력 가해자라는 소문을 내겠다'고 협박까지 하는 패키지도 있다고 합니다.

학교와 공적 기관이 적극적으로 개입하는 유럽

영국 기자의 설명에 의하면 영국은 학교폭력이 발생 시 엄격한 처벌이 내려지며 부모님들은 학교폭력 해결에 대해서도 학교의 판단과 조치를 전적으로 신뢰한다고 합니다. 우이혁 신경정신과 전문의가 쓴 〈영국에서는 학교폭력을 어떻게 다루는가〉 칼럼에서는 영국 학교가 우리나라 학교와 다른 점 중에 하나로 주변 기관과의 연계가 확실하다는 점을 꼽습니다. 학교에서 어떤 학생이 문제가 됐을 때, 학교에서 쉬쉬하는 것이 아니라 필요하면 다른 공적 기관에 알리게 되어 있고, 만일 그 학생이 다른 학생들의 안전을 위협한다고 판단되면 학교에서는 반드시 위험 대책을 세우도록 의무화하고 있습니다. 또 필요시에는 지역 보건센터에 의뢰하기도 합니다.

폭력 성향이 드러난 가해학생에 대한 치료나 상담이 필요하다고 판단되더라도 우리나라는 전적으로 보호자에게 맡기게 되어 있고, 이를 강제할 방법도 없습니다. 그러나 영국의 학교폭력 제도에 따르면 이렇게 학생의 정서상 문제가 있는데도 부모가 병원에 데리고 가는 것을 거부할 경우에는 부모가 그 학생의 치료받을 권리를 침해한다고 판단해 학교에서 아동보호위원회가 만들어지며 심한 경우 부모가 법적인 제재를 받을 수도 있습니다.(우이혁, 디지털조선일보 국제교육센터, 영국에서는 학교폭력을 어떻게 다루는가?)

스웨덴은 학교폭력이 거의 발생하지 않는 나라로 잘 알려져 있습니다. 스웨덴이 학교폭력 발생률이 낮은 이유는 학교와 사회에서 가해학생이 잘못했다는 인식이 확고하게 자리 잡혀 있기 때문입니다. 또한 학교폭력 신고가 되면 학교는 즉시 개입을 하여 문제해결에 나서며 피해학생을 돕도록 지원하고 있습니다. 그 개입이란 학교마다 학교폭력에 전문성을 가진 상담사가 상담을 진행하고, 의사, 심리학자, 학생 지킴이, 청년 도우미 등을 두어 문제가 발생하면 적극적으로 개입하므로 학교폭력 재발이 방지되고, 학생들은 스스로 학교폭력에 대해 자정작용을 하는 것입니다.(오마이뉴스, 스웨덴에는 왜 학교폭력이 없을까요?, 2012. 7. 7.)

피해학생 중심으로 개입하고 대처하는 미국

반면 미국은 매년 6,000명 이상의 학생들이 학교폭력으로 극단적인 선택을 할 만큼, 학교폭력이 심각한 사회문제입니다. 각 주마다 학교폭력에 대한 법과 제도는 다르지만 1999년 조지아주에서 최초로 법제화한 이후 미국 대부분 주에서 '따돌림 방지법(Anti-Bullying Law)'을 시행하여 법으로 학교폭력에 대처하고 있습니다. 그중에서도 따돌림 방지법을 가장 강하게 규정하고 있는 뉴저지주의 법을 살펴보겠습니다.

① 학교는 집단 괴롭힘 신고 사건을 조사할 집단 괴롭힘 방지 전문가를 의무적으로 임명해야 한다.
② 교사와 학부모, 학교폭력전문가 등으로 구성된 학교 안전팀이 만들어져야 하고, 안전팀은 교장에게 교내 집단 괴롭힘 사건에 대한 조사를 명령할 수 있으며, 조사 결과를 담은 보고서를 교육 당국에 제출해야 한다.
③ 집단 괴롭힘 가해학생에 대한 처벌은 강화하고 학교 내 집단 괴롭힘 사건에 제대로 대처하지 못한 학교와 교육 당국도 법적 책임을 져야 한다.
④ 의무사항을 이행하지 않은 교육 관계자들은 자격을 잃게 된다.

특히 집단 괴롭힘, 따돌림이 발생하였을 시 개입하고 대처하는 방법은 우리에게도 시사하는 점이 많습니다. 바로 철저히 피해학생 위주로 개입과 대처가 이루어진다는 점입니다. 첫째로 집단 괴롭힘 발생 시 그 자리에서 따돌림의 이유를 묻거나 논하지 않고 즉시 괴롭힘을 멈추게 하고 관련된 학생들을 격리하도록 합니다. 다음으로 피해학생이 신체적, 정서적으로 피해를 입지는 않았는지 살피고 피해학생이 무엇을 요청하는지 확인합니다. 셋째로 집단 괴롭힘을 목격한 학생들에 대해 목격자로서의 부적절한 행동이 무엇이었는지, 방관을 통해 사건에 어떤 부정적인 영향을 미쳤는지 이해시키고, 다음에 또다시 괴롭힘을 목격하게 되면 '그만'이라고 말하며 즉시 어른들에게 알릴 수 있도록 지도하는 등 목격학생들을 교육하는 기회로 활용합니다. 넷째로 어른들의 활동적인 감시 전략을 통해 따돌림의 재발 가능성에 대해 예의주시하고, 다섯째로 피해학생에게 필요한 지원을 제공합니다.(염현철, 미국의 따돌림 방지법 제정 동향 및 한국 교육에의 시사점, 도중진·박광섭·박행렬, 학교폭력의 예방 및 근절을 위한 지자체의 역할 수립)

뿌리 깊게 자리 잡은 이지메, 무관용 원칙 일본

'이지메'라는 단어는 전 세계적으로 학교폭력의 대명사처럼 불리고 있습니다. 일본은 다른 나라에서도 주목할 정도로 오래전부터 학교폭력이 사회적 문제로 대두되어 왔고 이 때문에 이미 1970년대부터 학교폭력에 대한 정부의 개입이 이루어졌습니다.

일본은 학교폭력의 원인을 가해학생에게서 찾으려고 합니다. 2004년 나가사키현의 한 초등학교에서 당시 11세이던 6학년 여학생이 동급생의 목을 칼로 잘라 잔인하게 살해한 사건이 계기가 되어 '무관용 원칙'에 따라 청소년도 강력히 처벌할 수 있도록 소년법이 개정되었습니다. 또한 교사와 학교가 학교폭력에 적극적으로 개입하도록 이를 법으로 의무화하고 있는데, 2000년 제정된 '아동학대 방지법'에 의하면 학교 및 교직원에게는 아동학대뿐만 아니라 학교폭력 발생에 대한 조기 발견 노력 의무를 규정하고 있습니다. 피해학생을 보호하기 위한 신속한 대응으로서 학교폭력 가해학생과 보호자에 대해서는 출석정지를 명할 수 있도록 규정한 출석정지제도 운용, 학교경찰 연락제도 및 지역사회와 연계한 시스템을 운영하는 점도 주목할 만합니다.(정재준, 학교폭력 방지를 위한 한국, 일본의 비교법적 연구·이승용, 근원적인 학교폭력 해결방안)

피해학생이 보호받지 못하는 우리나라의 현실

해외의 학교폭력 제도를 보면 공통점을 발견할 수 있습니다. 첫째, 신고 즉시 학교와 전문가가 개입하여 피해학생이 더는 학교폭력에 피해를 입지 않도록 보호한다는 점, 둘째, 사회적, 환경적 요인, 미디어 등 간접적 관점에서 학교폭력 발생원인을 찾는 것은 차치하고 일단 학교폭력의 문제는 가해학생에게 있다는 시각입니다.

반면 우리나라 학교들은 학교폭력 신고가 되더라도 학교장이 긴급선도조치를 하지 않는 이상 가해학생과 피해학생은 여전히 같은 교실, 같은 공간에서 생활해야 합니다. 사안조사가 이루어지고 학폭위가 개최될 때까지 5주에서 7주가량 소요됨에도 피해학생에 대한 보호는 부족합니다. 학폭위가 개최될 때까지 가해학생의 보복행위로 피해학생이 스스로 자신을 지킨다며 맞대응을 하다가 쌍방 가, 피해학생으로 처지가 바뀌기도 하고, 피해학생이 가해학생을 피해 등교를 하지 못하는 상황이 발생하는 것입니다.

학교폭력 피해학생 부모님들이 사설 심부름 업체, 일명 '삼촌 서비스'

를 찾게 되는 것도 같은 맥락에서 출발합니다. 학교가 적극적으로 피해학생을 보호할 방안을 마련해주지 않으니, 폭력 조직원처럼 보이는 사람들을 고용해서라도 피해학생을 보호하겠다는 것입니다. 다른 나라에서는 학교폭력 전문가와 다른 공적 기관이 개입되는 자리를 소위 조직폭력배처럼 보이는 사람들이 차지하고 있다는 현실은 우리의 원시적인 학교폭력 대처의 단면을 보여주고 있습니다.

학교와 교육 당국은 피해학생 부모님들이 사설 심부름 업체를 선택하는 것을 비난할 것이 아니라 오죽하면 이런 선택까지 하게 되었을까를 헤아려보길 바랍니다. 그동안 우리나라 학교 내부에서는 '중립성'이라는 이름으로 피해학생을 방치하고 있었음을 부인할 수 없습니다. 그로 인해 오히려 보호받은 것은 가해학생이었습니다. 해외의 학교폭력 대처는 우리나라 학교폭력 제도의 개선될 점이 무엇인지 잘 보여주고 있습니다. 우리는 스스로 돌아볼 필요가 있습니다.

학부모의 인권은
어디에서 보호받나요?

연일 교사들의 부적절한 언행에 대한 뉴스가 보도되고 있습니다. 학부모에 대한 폭언, 성적 조작, 시험지 유출, 초등 교사들의 아동학대 및 스쿨 미투를 통한 성희롱, 성폭력에 이르기까지 형태도 참 다양합니다.

부모님들 중에는 교사의 막말이나 폭언에 고통을 호소하며 법적 절차를 진행하고자 상담을 요청하시는 분들도 많습니다. 실제 부모님에게서 듣는 교사들의 언행은 믿기 힘든 경우가 많습니다. 학생들 앞에서 부모님에게 소리를 고래고래 지른 교사, 면담하러 온 어머니에게 자신을 만나러 오려면 앞문으로 다니지 말고 뒷문으로 다니라며 학생을 혼내듯 어머니를 혼내는 교사, 잘못이 있든 없든 자기 자식을 위해 머리를 굽히지 않는 부모는 부모도 아니라며 저주에 가까운 말을 쏟아내는 교사 등 교권침해 논란이 이는 요즘의 우리 사회에서 실제 일어난 일이 맞나 싶을 정도입니다.

자녀의 학교폭력 피해를 호소하다 막말을 들은 부모님도 있었습니다. 자녀가 따돌림을 당하는데 아무런 보호조치를 받지 못했고, 결국 자녀는 등교를 중단한 상황이었습니다. 부모님은 학교폭력 피해학생이 학교폭력으로 인해 결석할 경우 학교장이 출석일수에 산입해줄 수 있다는 학교폭력예방법 규정을 보고 교장 선생님과 결석 문제를 상의하기 위해 학교를 찾아갔습니다. 그러나 대화를 하던 중 귀를 의심할 만한 말들이 교장 선생님의 입을 통해 흘러나왔습니다.

"당신 나랑 몇 살 차이인지 알아? 어디다 대고 싸가지 없게."

일부 교사들의 이런 언행은 여전히 남아 있는 권위적인 사고방식에서 비롯됩니다. 자녀를 가르치는 스승으로서 교사는 부모님께 여전히 어려운 존재이고, 그것에 익숙한 일부 교사들은 자신이 부모님보다 우위에 있다고 믿습니다. 그래서 부모님을 훈계하고 혼내고 가르치듯 대하는 것입니다. 부모님들은 그런 상황에서도 혹시나 아이에게 불이익이 갈까, 밉보일까 싶어 선뜻 항의나 이의를 제기하지 못합니다. 우회적으로 상급자인 교장, 교감 선생님을 만나보지만 교장, 교감 선생님은 그저 교사를 두둔하고 감싸기에 바쁩니다.

교사들은 교권보호를 위해 '교권보호위원회'라는 기구를 두고 있습니다. 교육청에서는 자체적으로 교권 보호를 위한 변호사까지 두어 교권침해를 호소하는 교사들을 돕고 있습니다. 그렇다면 부모님의 인권은 어디에서 보호받을 수 있을까요? 안타깝게도 부모님의 인권은 교사들의 교권처럼 지켜주는 곳이 없습니다. 결국 스스로 지킬 수밖에는 없습니다. 부모님들이 변호사를 찾아오는 이유이기도 합니다. 현재로서는 교사가 행한 행위에 따라 교육공무원인 교사에 대해 징계위원회에 징계를 신청하는 행정적 방법, 범죄에 해당하는 행위일 경우 형사고소의 방법, 그리고 민사소송 등을 통한 손해배상청구 등의 법적인 절차를 밟음으로써 책임을 물을 수 있습니다.

아이 담임선생님의 문제적 행동에 대해 법적 절차를 밟고자 하신 한 아버지의 말씀이 떠오릅니다. "비교육적 행동을 하는 선생님으로서의 자질이 없는 교사라면, 학교를 떠나는 것이 맞다." 자신의 권리를 보호받고 싶다면 상대방의 권리도 보호해주어야 합니다. 교권이 지켜지기 위해서는 부모님의 인권도 보호되어야 합니다. 교사로서 자질을 기대할 수 없는 사람을 교사로 존중해 주기는 어렵습니다.

그동안 성역화되어 온 학교

어느 고등학교에서 시험문제 유출 의혹이 붉어지며 큰 이슈가 되었었습니다. 처음 유출 의혹을 제기하였을 때, 사건 당사자인 교사는 물론, 교감, 교장까지도 펄쩍 뛰며 "아이들이 공부를 열심히 해서 성적이 오른 것이다. 그럴 일은 없다"고 큰소리를 쳤습니다. 그러나 수사가 진행되면서 다수의 증거들이 발견되었고, 결국 해당 교사는 구속까지 될 정도로 범죄 혐의가 충분히 소명되었습니다. 학부모들은 해당 교사 자녀의 성적 0점 처리와 교사의 파면을 요구하였지만 학교 측은 '수사 결과가 나오기 전까지 공식적인 견해 표명은 불가능하다'는 입장만을 고수할 뿐이었습니다. 심지어 '대법원 결과까지 나와야 의혹 당사자인 학생들에게 조치할 수 있다'는 발언까지 하였습니다. 사실상 시간을 끌어 사건을 지연시키려는 의도가 아니냐며 부모님들은 공분했습니다. 학교는 오히려 내부 고발자가 누구인지 찾거나 학생들에게 "부정행위 학생에 대해 이야기를 하지 말아라. 말하면 학교폭력이다"라며 학교폭력으로 겁을 주며 입단속을 시키기도 하였습니다. 학교 차원에서 적절한 대처가 없자 학부모님들은 교육 당국에 불만을 제기하였습니다.

시험문제 유출 의혹 사건은 그동안 학교에서 비리가 발생하였을 때 어떤 식으로 대처해왔는지를 보여주는 사례입니다. 언론에서 집중적으로 보도하고 대중들이 지켜보고 있는 사건도 이러한데, 세상에 알려지지 않은 은폐된 비리 사건들이 얼마나 많은지 짐작할 수 있습니다.

교사나 학교를 상대로 소송을 진행하다 보면 자신들의 잘못이나 절차상 하자가 드러났을 때, '학교는 교육기관이니 다소 절차를 지키지 않더라도 봐줘야 하지 않느냐'며 교육기관임을 방패삼아 호소하는 경우들을 자주 접합니다. 교육기관이라면 법을 준수해야 한다던 자신들의 가르침을 학생들에게 몸소 보여줘야 하는 것이 교육기관으로서의 자세입니다. 오랜 기간 동안 학교는 성역화되어 왔습니다. 그러나 법보다 위에 있는 곳은 어디에도 없습니다.

느리지만 그래도 하나씩 바뀌어왔습니다

학교의 비리를 발견하고, 부당한 상황을 겪으면서도 부모님들은 고민합니다. 그냥 묻고 가기에도, 학교와 교사에게 책임을 묻기에도 망설여집니다. 주변에서는 계란으로 바위 치기라며 학교를 건드려봐야 본인만 힘들어진다고 만류합니다. 앞서 언급한 시험문제 유출 의혹 사건의 경우도 학부모들이 목소리를 내지 않았더라면 단지 의혹으로만 그치고 묻혔을지 모릅니다. 그러나 신고 이후에도 학부모들이 계속해서 예의주시하였고, 한목소리를 내었기 때문에 문제의 학생들은 퇴학 처리가 되고, 교사는 파면되는 현장을 우리는 목격하였습니다.

비록 힘든 싸움이지만 실제로 학교와 교사의 부당함을 밝힌 사례들은 분명 있습니다. 그리고 지금도 이를 밝히기 위해 묵묵히 걸어가고 있는 부모님들이 있습니다. 느리지만 그래도 하나씩 세상이 바뀌어왔던 것은 부조리에 묵묵히 싸워온 사람들이 있기 때문입니다. 혼자 겪는 어려움은 아닙니다. 부디 용기를 내시길 바랍니다.

우리 아이가 어릴 적 보았던 동화 속 세상은 아름다웠습니다. 어느 부모님이나 그런 아름다운 세상만을 자녀에게 보여주고 싶을 겁니다. 하지만 아이가 마주한 현실은 아름다운 동화 속 세상과는 거리가 멀었습니다. 시험에 대한 압박감, 공부에 대한 스트레스, 친구 관계에서 오는 갈등, 그리고 학교폭력까지. 이러한 감정은 어른들도 학창시절에 '이런 게 세상이구나' 하고 깨달으며 겪었던 일이기도 합니다. 지금 10대들도 그때의 우리와 똑같은 일들을 겪고 있습니다.

힘든 시간을 보내고 있을 자녀들에게 필요한 건 다그침과 채근이 아니라, 나를 전적으로 지지하는 부모님이 있다는 믿음입니다. 그것만으로도 아이들은 용기를 내어 한 걸음 더 나아갈 겁니다. 오늘 자녀에게 응원의 말을 건네는 것은 어떨까요. "내가 네 편이 되어 줄게."

동화 속 빨강머리 앤은 이렇게 말합니다.

"세상은 생각대로 되지 않는다고, 하지만 생각대로 되지 않는다는 건 정말 멋져요. 생각지도 못했던 일이 일어나는 걸요!"

빨강머리 앤의 이야기는 어른이 된 지금도 다시 한 번 일깨워줍니다.

일이 내 마음 같지 않고, 한 치 앞도 모르는 것이 인간사이지만 결국 그러기에 즐거운 일도 있지 않느냐고 말입니다. 학교폭력으로 몸도 마음도 상처를 입은 아이와 부모님이 있었습니다. 잘못을 인정하지 않는 가해학생 측 때문에 오랜 시간 법적 분쟁이 이어졌습니다. 그러던 어느 날 부모님께서는 아이의 동생을 갖게 되었다는 기쁜 소식을 전해 오셨습니다. 수줍지만 설레는 표정의 어머니는 사실 그전까지만 하더라도 아버님과 사이가 썩 좋지 않았는데 아이의 학교폭력 문제로 대화의 시간이 많아졌고 사이가 돈독해진 것이 계기가 되었다고 말씀하셨습니다. 누구보다 기뻐한 건 동생을 갖게 된 아이였습니다. 이 가족에게는 학교폭력의 아픔보다 훨씬 큰 기쁨이 찾아왔습니다.

학교폭력으로 힘든 시간을 보내고 계실 부모님들께 전하고 싶습니다. 전화위복입니다. 비록 힘든 시간이겠지만 분명 그 과정에서 얻고 배우는 점은 있습니다.

학교폭력 손해배상청구소송에서 어느 판사님이 쓰신 결정문의 한 대목으로 학교폭력을 겪은 모든 학생과 부모님께 마지막 말을 전합니다.

"사람은 사랑받기 위해 태어났고 인간으로서의 존엄과 가치를 가지며 행복을 추구할 권리를 가진다. 위와 같은 권리는 스스로 용기를 내어 지키고 누려야 하며 어느 누구로부터도 침해를 받아서는 안 될 뿐만 아니라 다른 사람의 권리를 침해하여서도 안 된다. 사람은 누구나 과거에 다른 사람의 권리를 침해하기도 하고, 다른 사람으로부터 권리를 침해받은 마음속 깊은 회한과 상처 및 아픔이 있다. 하지만 그 회한과 상처 및 아픔에 연연하게 되면 자기의 현재와 미래의 행복과 인간의 존엄성을 누릴 수 없기 때문에 용기 내어 용서를 빌고 용서를 하는 것이 바람직하다. 왜냐하면 우리는 소중하고 귀한 자녀이자 부모들이며 우리의 미래는 행복해야 하기 때문이다. 과거가 우리의 밝은 미래를 망치게 할 수는 없다. 위와 같은 간절한 마음을 담아 위와 같은 결정사항을 용기를 내어 흔쾌히 서로 이행함으로써 용서를 빌고 또 용서하기를 바란다."

참고문헌

- 교육부, 2014년 1차 학교폭력 실태조사, 2014
- 교육부, 2018년 1차 학교폭력 실태조사, 2021
- 교육부, 《2018 학교폭력 사안처리 가이드북》, 2021
- 국가인권위원회, 2014년 장애학생 교육권 증진을 위한 실태조사-통합교육 현장의 교육권 침해를 중심으로, 2014
- 김용수, 《알기 쉬운 학교폭력·성폭력 관련 법령의 이해》, 진원사, 2012
- 나이토 아사오, 《이지메의 구조: 왜 인간은 괴물이 되는가》, 한일미디어, 2013
- 도중진·박광섭·박행렬, 학교폭력의 예방 및 근절을 위한 지자체의 역할 수립 용역, 충남대학교, 2012
- 서울교육방송, 《학교 성폭력 예방 가이드》, 미디어북, 2017
- 서울특별시교육청, 《평화로운 학교를 위한 사안처리 핸드북》, 2018
- 수 클리볼드, 《나는 가해자의 엄마입니다》, 홍한별 옮김, 반비, 2016
- 염철현, 미국의 따돌림 방지법 제정 동향 및 한국 교육에의 시사점, 교육법학연구, 2013
- 우이혁, 영국에서는 학교폭력을 어떻게 다루는가?, 디지털조선일보 국제교육센터
- 이현수·유숙렬, 장애아동 학교폭력의 문제점과 인권교육의 방향, 장애아동인권연구, 제3권 제2호, 2012
- 인천광역시교육청, 《2018 학교폭력대책심의위원회 운영 가이드북》, 2018
- 인천광역시교육청, 《교원의 교육활동 보호를 위한 안내자료》, 2017
- 정재준, 학교폭력 방지를 위한 한국일본의 비교법적 연구, 근원적인 학교폭력 해결방안-이승용 참조, 법학연구, 2012
- 한병선, 학교폭력의 사회학, 경기헤럴드, 2018
- 竹川 郁雄, 《いじめと不登校の社会学─集団状況と同一化意識》, 法律文化社, 1993
- 〈머니투데이〉, 저녁 7시, 아이 담임선생님한테 카톡 안 되나요?, 2018. 7. 7.
- 〈법률신문〉, 한지형, 'ㄴㄴ'의 추억, 2018. 5. 14.
- 〈오마이뉴스〉, 스웨덴에는 왜 학교폭력이 없을까요?, 2012. 7. 7.

- 〈중앙일보〉, 학교폭력 가해학생이 교실에서 사과문 낭독 "인권침해", 2018. 5. 29.
- 〈함께걸음〉, 이인영(국가인권위원회 장애차별조사1과 조사관), 교육에서의 장애인 차별 금지, 2018. 6. 20.
- 〈The Telegraph〉, 'South Korean parents hire thugs to stop school bullies, 2019. 1. 22.
- 〈EBS〉, 밤낮 없는 연락·사적 질문 휴대전화 교권침해 심각, 2018. 7. 17.

엄마 아빠가 꼭 알아야 할

학교폭력의 모든 것

초판 1쇄 발행일 2019년 4월 16일
초판 2쇄 발행일 2021년 11월 1일

지은이 노윤호

발행인 박헌용, 윤호권
편집 신수엽 **디자인** 김지연
발행처 ㈜시공사 **주소** 서울시 성동구 상원1길 22, 6-8층(우편번호 04779)
대표전화 02-3486-6877 **팩스(주문)** 02-585-1755
홈페이지 www.sigongsa.com / www.sigongjunior.com

ISBN 978-89-527-9802-2 13590

*시공사는 시공간을 넘는 무한한 콘텐츠 세상을 만듭니다.
*시공사는 더 나은 내일을 함께 만들 여러분의 소중한 의견을 기다립니다.
*알키는 ㈜시공사의 브랜드입니다.
*잘못 만들어진 책은 구입하신 곳에서 바꾸어 드립니다.